부산대학교
최고의 과학자들이 내딛는

과학적 대중화의
가치있는 첫 걸음

부산대학교 교양총서
알짜배기 자연과학 3

Atmospheric Environmental Sciences

미세먼지와 인공강우

김철희 지음

부산대학교출판문화원

서 문

물고기는 물속에서 숨을 쉬듯이, 인간은 대기의 바닷속에서 호흡하며 생활한다. 물속 환경이 변하면 수생태계에 변화가 오듯이, 매일 숨 쉬는 대기 환경에 변화가 오면 우리 생활에 즉각 문제가 생기게 되고, 그 변화에 무엇보다도 먼저 대처해야 한다. 대기 환경은 인간과 육상 생물에게 있어서 가장 중요한 일차 환경이기 때문이다.

미세먼지 문제는 대기환경 문제로서 사람들의 건강상의 문제일 뿐만 아니라 기후나 산업 등 여러 분야에서 그 관심의 열기가 매우 뜨겁다. 그래서 TV나 신문, 인터넷에서 날씨예보와 함께 미세먼지 정보를 실시간으로 전해주는 시대가 되었다. 국가 대기오염측정망에서 연속으로 측정되는 미세먼지를 비롯한 모든 대기오염도 자료는 '국가대기오염정보관리시스템' 서버로 실시간 전송된 후, 대기오염 현황이 실시간으로 공개시스템으로 공개되고 있으며, 일반 사람들은 즉각 '에어코리아' 홈페이지에 접속하여 자료들을 확인할 수 있다. 지역별 대기오염물질(PM_{10}, $PM_{2.5}$, O_3, CO, SO_2, NO_2) 농도와 함께 날씨 등 기상정보, 미세먼지 예·경보상황도 신속하게 제공받을 수 있다. 10년 전이라면 꿈도 못 꿀 상황이었지만, 요즈음은 그만큼 우리 생활 깊숙이 미세먼지 정보가 제공 및 활용되고 있다.

이처럼 쏟아지는 대기환경 정보 홍수 속에서 미세먼지에 대한 지식은 그 깊이가 피상적이다. 미세먼지는 1차 오염물질이면서도 생성과정이 복잡한 2차 오염물질이기도 하며, 우리나라 지리적 환경은 외부 미세먼지가 유입되기 쉬운 지역인데, 막연히 미세먼지가 중국에서 넘어오는 양이 많다는 수준에 머물 때가 많다.

본 도서는 대학 교양서적으로서 미세먼지 문제를 왜 한·중·일 3국이 고민해야 하는지, 인공강우의 정체는 무엇인지, 미세먼지 저감에 있어서 인공강우 활용 시 그 한계는 어떠한지를 나름 재미있게 구성하려고 노력하였다. 특히 미세먼지 저감의 하나의 해법으로 인공강우의 활용 방법과 그 허와 실을 살펴보았다. 이 도서를 통해 미세먼지를 잘 이해하고, 또 나아가 미세먼지 저감을 위한 해법을 논하는 데 필요한 지식을 습득하는 데 있어서도 유익한 자연과학 도서가 되기를 기대해 본다.

목 차

1

수천 명이 대기오염으로 사망

지구 대기는 연약하다

우리가 숨 쉬는 공기는 1인당 하루 평균 약 13.3 kg 정도 매일 소모되며, 눈에도 보이지 않고 맛도 없으며 냄새도 없다. 그래서 공기에 중대한 문제가 생기기 전에는 그 심각성을 알기 힘들다. 최근 대기환경에는 기후변화, 오존층 파괴, 산성비, 각종 대기오염 등 여러 악재가 곳곳에 관측되고 있으며, 이러한 악재들을 우리는 직접 보고 경험함으로써 지구 대기가 심각한 질병을 앓고 있다는 사실을 잘 알 수 있다.

대기오염물질은 공기 중에 섞여 있는 불순물로서 필연적으로 인간뿐만 아니라 숨 쉬는 모든 생물체에 즉각 악영향을 미친다. 특히 대기오염물질 중에서 미세먼지는 호흡기 질환과 기대수명 저하 등 여러 피해를 유발하고 있어서, 여타 대기오염물질보다 더 우리 생활에 불편하고 민감한 오염물질이라 할 수 있다. 우리나라는 최근 미세먼지 고농도 발생횟수가 계속 증가하고 있으며, 요즈음에는 미세먼지 이슈가 각 언론에서도 매일 내일의 미세먼지 농도가 예보되면서 그 경각심은 우리의 매일의 일상생활이 되었다.

대기오염 현상을 이해하기 위하여 우리가 숨 쉬는 대기가 얼마나 대기오염물질에 취약한가를 이해할 필요가 있다. 여러 문헌에서 이러한 사실들을 여러 번 언급하고 있다. 예를 들어 대기는 아주 '얇은 층(thin layer)'이라는 사실을 강조하는 표현은 자주 등장한다. 기상학자 Donald Ahrens

는 대기를 "지구를 둘러싸고 있는 섬세한 생명 유지의 공기 담요"라고 표현하였고, Joe Eagleman은 "지구의 껍질"에 비유하였다. 그만큼 지구 대기는 우리의 생각보다 훨씬 얇아서 오염되거나 상처받기 쉬운 물질이라는 의미이다.

이론상 대기의 실제 두께는 어느 고도까지인지 단정하는 한계선은 존재하지 않는다. 공기가 한 톨이라도 있으면 모두 지구 대기에 속한다고 할 수 있어서, 대기의 두께를 무한대로 혹은 적게 잡아도 수백 km에 달한다고 할 수도 있다. 그러나, 실제 지구 대기의 1/2은 지표로부터 단지 6km 이내에 있으며, 대기의 80% 이상을 포함하는 대류권 꼭대기 높이는 12km 정도이므로, 대기의 99%까지 포함할 수 있는 성층권 중간 높이(30km)까지를 대기의 두께로 볼 수도 있다. 대기의 두께를 공기의 80% 이상을 차지하는 대류권 꼭대기인 12km로 하거나, 99%인 성층권 중간 정도 고도라고 하더라도 이 정도 수치는 우리나라 소도시의 반경 정도의 수평거리에 지나지 않아서 자동차로 고속도로를 타고 갈 경우 10~15분 정도면 금방 갈 수 있는 거리이다.

대기오염에 취약한 얇은 대기의 두께와 그 연약함을 느끼기 위해 딱딱한 지구 반경과 비교해 보자. 지구 표면은 5 대양(태평양, 대서양, 인도양, 남·북극해)과 6+1 대륙(아시아, 유럽, 남·북아메리카, 아프리카, 오세아니아, 남극)으로 구성되며, 지구 반경은 극반경과 적도반경이 차이가 나지만, 평균 약 6400km로 알려져 있다. 여기서 공기의 90%가 존재하는 대류권 꼭대기인 12km, 혹은 99%의 공기가 존재하는 성층권 중간까지인 30km와 지구 반경(약 6400km)과의 비(ratio)를 계산해 보면 (12km/6400km≃0.19 %) (30km/6400km≃0.47 %)로서 모두 1% 미만에 불과하며, 따라서 대기는 아주 '얇은' 층이라는 사실을 확인할 수 있다 (그림 1).

대기오염 현상을 이해하기 위해서는 공기의 조성을 이해할 필요가 있다. 기본적으로는 질소, 산소 등 여러 가지 기체의 혼합물로 구성되어 있

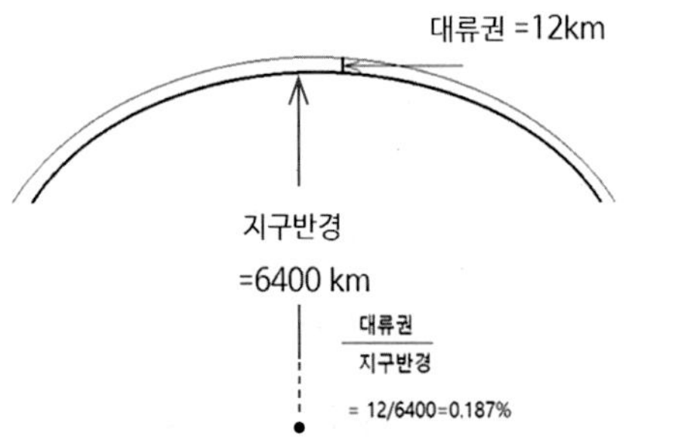

(그림 1) 대류권과 지구 반경 비교

으나, 대기를 구성하는 기체들을 분류하자면, 시간이나 장소에 구애받지 않고 변하지 않는 질소, 산소, 아르곤과 같은 영구기체(permanent gas)와 수증기(H_2O)나 CO_2와 같이 시간과 장소에 따라 변하는 변량기체(variable gas)로 구분할 수 있다. 또 공기의 조성은 고도에 따라 그 분포가 다르지만, 지표에서 고도 약 90km까지 (그 위로는 대기의 조성이 균질하지 않음)의 대기에서는 수증기를 제외한 건조 공기의 조성비는 대부분 질소(78%)와 산소(21%)로 구성되어 있으며, 그 중 수증기, 이산화탄소(CO_2), 오존(O_3)과 같은 변량기체는 그 양이 극히 적어 H_2O는 약 0.004~4%, CO_2는 약 0.03% 정도이다. 온실 기체는 이산화탄소와 수증기만 주목받고 있는 것은 아니며, 최근 그 양이 많아지는 메탄(CH_4), 아산화질소(N_2O) , 염화불화탄소(CFC) 등도 주목받고 있으며, 이들이 모두 변량기체로 분류된다. 대기오염물질은 모두 변량기체로 분류되며, 영구기체에 비하면 극도로 적은 양 (예를 들어 ppm 혹은 ppb의 단위)이지만 매우 적은 양으로도 인체에 치명적인 악영향을 준다. 대기 중의 오존은 그 조성이 0.000002%밖에 차지하지 않는 미량 물질이지만 지표에서와는 달리, 성층권에서는 자외선을 조절함으로써 지구의 열평형과 생물 활동에 아주 중요하고도 유익한 역할을 한다.

대기 중의 구성 성분 중에서 수증기는 비와 눈 등의 매일의 날씨와 연관되며 변화무쌍하다. 수증기란 일반적으로 대기 중에 포함된 증발한 물, 즉 기체 성분만을 일컫는다. 그러나 지구상의 수증기, 물, 얼음을 모두 포함한 전체 "물"의 양을 100으로 보았을 때, 해양에서 97.2%, 빙산과 빙하 2.15%, 지하수 0.62% 정도이며, 대기 중에 존재하는 모든 물(수증기, 구름 등)의 양을 모두 합하더라도 전체 양의 0.001%에 불과하다. 결국, 대기 중의 물은 비록 소량이지만, 그 재분배에 문제가 생기면 인간은 홍수를 포함한 집중 호우, 토네이도, 태풍 등 다양한 기상 재해를 맞이하게 된다. 따라서 대기 중에 존재하는 소량의 기체들이라도 그 중요성은 결코 무시할 수 없으며, 대기오염물질의 경우도 마찬가지이다.

대기는 기온의 연직 특성에 따라 4층 구조(대류권, 성층권, 중간권 열권)로 분류된다. (그림 2)에서 알 수 있듯이 기온은 약 12km 고도 (대류권)까지는 정상적으로 기온이 감소한다. 대류권에서 고도가 높아질수록 기온이 내려가는 이 현상은 태양광이 지구 표면을 가열하고 그 다음 단계로서 데워진 지표면이 그 위의 공기에 열을 전달함으로써 비로소 공기가 무덥게 된다는 사실에 기인한다.

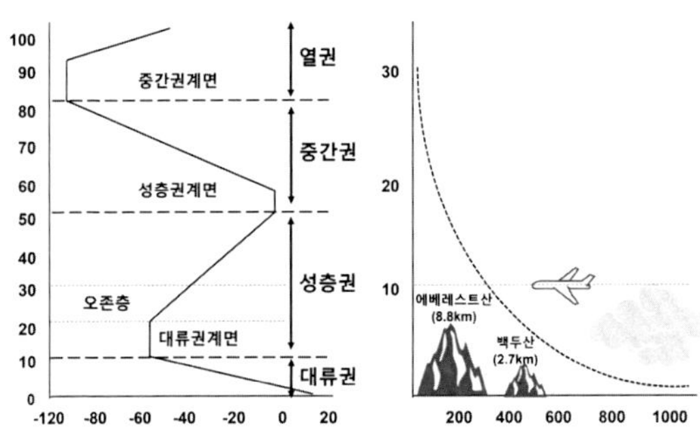

(그림 2) 지구 대기의 연직 구조

대류권에서 기온이 고도에 따라 감소하는 비율을 기온감율(lapse rate)이라 한다. 기온감율로 기온이 감소하는 고도, 즉 지상에서 약 12km까지를 대류권이라 하며, 대류권에서는 대기안정도가 불안정하여 일기 현상이 일어나며. 대기오염물질 농도 또한 배출량이 많은 지상에서 높고, 연직 확산 때문에 고도에 따라 낮아지지만, 그 분포는 대류권 하층에 대부분 국한된다. 대류권 위로 기온이 상승하는 12km~50km 구간을 성층권이라고 한다. 성층권에는 오존층이 존재하므로 태양에서 나오는 위험한 자외선을 차단하여 지구상의 생명체와 지구 표면을 보호해 준다. 그러나 흡수된 자외선에 의해 기온은 상승하게 된다. 성층권 위로 다시 기온이 내려가는 구간인 50~80km까지를 중간권, 그리고 그 위가 열권이다(그림 2). 열권 위로 갈수록 공기가 엷어져 공허한 우주 공간과 합쳐진다.

공기의 질을 떨어뜨리는 4대 오염물질

대기 중의 불순물들인 대기오염물질(air pollutants)을 분류하는 방법은 여러 가지가 있다. 우선, 황사와 같은 자연 발생적인 오염물질과 인간의 산업 활동 등으로 발생한 인위적 오염물질로 나눌 수 있다. 특히 인위적으로 발생한 대기오염물질은 대부분 건강에 해로운 성분이 많다. 그러나 이 분류방법은 자연 발생과 인위적 발생이라는 이분법적 분류 그 자체 이외에는 잘 사용되지 않는다.

일반적으로, 학계 혹은 관련 환경 분야에서 통상적으로 사용하는 분류법은 1차와 2차 대기오염물질로 나누는 방법이다. 1차 대기오염물질이란 배출원(emission source)으로부터 직접 배출되는 오염물질이다. 대표적으로 아황산가스(SO_2)와 이산화질소(NO_2)이 있다. 반면, 2차 대기오염물질은 1차 오염물질끼리 대기화학 반응을 통해 새로 생성된 오염물질을 말한다. 2차 오염물질 생성을 위해 화학반응에 참여하는 1차 대기오염물질을 일컬어 2차 대기오염물질의 전구물질(precursor)이라고 한다. 2차 대기오염물질로는 대표적으로 광화학 반응의 산물인 오존(O_3)이 있다. 미세먼지는 상당히 복합적이다. 미세먼지는 배출원에서 직접 배출되는 1차 대기오염물질이지만, 동시에 대기 중에서 산화반응을 통하여 생성되는 스모그로서 2차 오염물질이기도 하다. 따라서 미세먼지는 1+2차, 즉 혼합형 대기오염물질이라 할 수 있다.

대기오염물질의 또 다른 분류방법은 단순히 그 성상, 즉 기체(가스)냐 고체(입자)냐에 따라 분류하는 것이다. 아황산가스, 오존, 이산화질소 등은 기체(가스), 미세먼지는 고체(입자) 대기오염물질이다. 고체(입자) 대기오염물질은 입자의 크기에 따라 세분되는 데, 직경 크기가 2.5㎛ 이내는 초미세먼지($PM_{2.5}$), 10㎛ 이내는 미세먼지(PM_{10})라 불린다. 따라서 PM_{10}은 $PM_{2.5}$를 포함하는 개념이다. 여기서 PM이란 Particulate Matter의 약자로 먼지를 말한다. 입자상 오염물질의 농도 단위로는 기체상 오염물질(단위는 ppm 혹은 ppb)과는 달리, 부피당 중량을 나타내는 질량농도(μg/m^3)와 부피당 입자의 개수만을 따지는 수농도 (갯수/m^3)가 사용된다.

우리나라 주요 도시에 제일 많이 영향을 미치고 있는 주요 대기오염물질 4개(여기서 4대 주범이라 칭함)를 꼽으라면, 아황산가스(SO_2), 질소산화물(NO_2 혹은 NO_x, 여기서 NO_x=NO+NO_2를 지칭함), 오존(O_3), 미세먼지(PM_{10} 혹은 $PM_{2.5}$)를 생각할 수 있다. 이상의 4대 주범 대기오염물질에서 일산화탄소(CO)와 휘발성 유기화합물(VOC; Volatile Organic Components)은 제외하였으나, 인체에 덜 중요하다는 의미는 아니다. 모두 대기오염물질에 해당한다고 볼 수 있으나 기준치의 부재 혹은 측정상의 어려움 등의 이유로 여기서 제외하였다. 4대 오염물질의 관심도와 심각성은 (그림 3)에 표시하였으며, 구체적 특징은 아래와 같다.

먼저, 아황산가스(SO_2)는 이산화황으로도 불리며, 주로 공장 등 산업

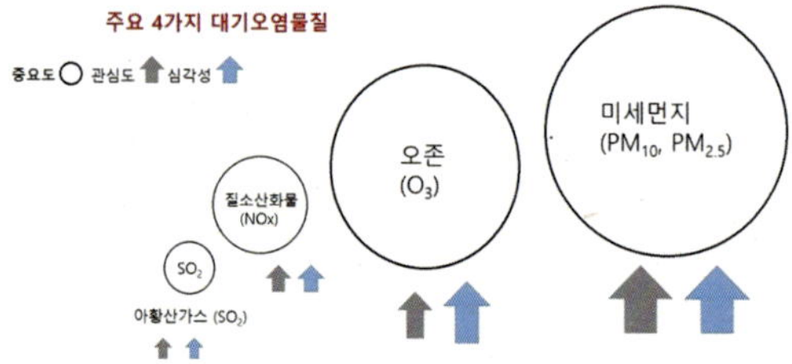

(그림 3) 4가지 주요 대기오염물질

부문에서 점오염원으로부터 주로 배출되는 무색 대기오염물질로서, 석탄. 석유 등 유황 함유 석탄 연료가 연소할 때 발생한다. 이산화황이 포함된 강수(황산)가 내리면 금속, 페인트칠 등을 부식시키고 담수호를 산성으로 바꿔 놓는 산성비(acid rain)를 유발한다. 산성비는 1980년 후반 혹은 1990년부터 국제적으로도 중요한 환경문제로 주목받았다. 특히 큰 공업지역에서 바람을 타고 오는 산성비의 주요 원인으로 알려져 있으며, 국경을 넘나드는 주범으로 많이 연구되곤 하였다. 우리나라의 경우 저황유 사용 등 정부의 노력으로 90년대 이후 아황산가스는 일부 공단을 제외하고는 거의 연평균 10ppb 이하의 낮은 농도 수준을 보인다. 아황산가스 농도가 높으면, 기관지염, 폐기종 등 심각한 호흡기 질환이 생기며, 식물에도 악영향을 미치는 것으로 알려져 있다.

두번째 주범은 이산화질소(NO_2)로서, 질소산화물로도 불리며 차량 등 선오염원에서 유류 연소과정으로 주로 배출된다. 질소산화물에는 N_2O, NO, NO_2, N_2O_4, N_2O_5 등이 있으나 상대적으로 많은 양으로 존재하는 것은 일산화질소(NO)와 이산화질소(NO_2) 형태이다. 질소산화물 측정 시 NO는 대부분 NO_2로 산화된 다음 측정되므로 NO와 NO_2를 총칭하여 NO_x(=NO + NO_2)로 불려진다. 배출된 NO_2는 햇빛이 강할 때 광화학 반응에 참여하여 2차 대기오염물질인 오존을 생성시키는 오존의 전구물질(precursor)로도 매우 중요하다.

세 번째 주범은 오존(O_3)인데, 대부분(약 97%)이 성층권에 존재하고 있으나, 대류권 (혹은 지표) 부근에서는 2차 대기오염물질이다. 성층권 오존은 비록 적은 오존량 일지라도 태양의 해로운 자외선으로부터 동식물과 사람을 보호해 주기 때문에 인간에게 해로운 대기오염물질이라기 보다는 매우 이로운 물질이다. 성층권 오존은 지표 오존보다 그 양이 훨씬 많으나, 질소와 산소 등 전체 대기 구성 물질의 부피와 비교해 볼 때 대기 조성의 평균 0.002%도 미치지 못한다. 요즈음에는 할로겐 성분이나 브롬 등으로 오존층 파괴가 일어나고 있다고 보고되고 있다.

대류권 오존은 산소 원자와 산소 분자가 결합하여 형성되며, 광화학 스모그 산물로서 햇빛과 반응하여 생성된다. 고농도 오존 현상은 해륙풍과 같은 국지 순환과 연동되므로 전 세계적으로 해안가에 있는 큰 항구도시에서 고농도 오존 현상이 자주 일어난다. 또한, 이산화질소와 휘발성 유기화합물 모두 광화학 반응에 관여하게 되므로, 오존 농도를 줄이기 위해서는 그 전구물질인 질소산화물이나 휘발성 유기화합물을 선별하여 줄여야 한다. 그러한 측면에서 1차 오염물질보다는 2차 오염물질의 농도 저감이 훨씬 어렵다고 할 수 있다. 오존은 눈과 목을 자극하고 호흡곤란을 일으키며 또한 식물이나 농업 작황 감소에도 영향을 끼친다. 이렇게 지상에서는 사람과 식물에 해를 끼치는 오존이 성층권에서는 보호막을 형성하여 해로운 자외선을 차단하여 지상 생태계를 살린다는 것은 매우 역설적이다.

마지막으로, 네 번째 주범인 미세먼지(PM_{10} 혹은 $PM_{2.5}$)는 1차와 2차 오염물질이 동시에 섞여 있다. 입자상 오염물질로서 크기에 따라 세분되는데, 직경이 10㎛보다 작은 미세먼지(PM_{10})와 지름이 2.5㎛보다 작은 미세먼지($PM_{2.5}$)로 나뉜다. (초)미세먼지에 대한 자세한 사항은 다음 장(2장)에서 자세히 다룬다. 미세먼지의 인체 위해성은 가히 가공할만하며, 인체의 머리끝에서 발끝까지 파괴력이 있는 것으로 알려져 있다. 인체에 해로운 1+2차 대기오염물질인 미세먼지를 줄이는 방법 또한 매우 복잡하여서,

최근에도 마치 풀리지 않은 고차 방정식을 풀 듯이 최적의 해법이 무엇인지를 국가별, 지역별로 연구되고 있다.

우리나라의 경우 과거 1차 오염물질(후진국 오염물질)인 아황산가스가 주요 대기오염물질이었던 반면, 최근에는 2차 오염물질(선진국 오염물질)인 오존이나 미세먼지가 주요 관심사도 바뀌었다. (그림 4)에 우리나라 주요 4개 오염물질의 계절 특성과 우선순위에 대한 변천사를 그림으로 요약하였다.

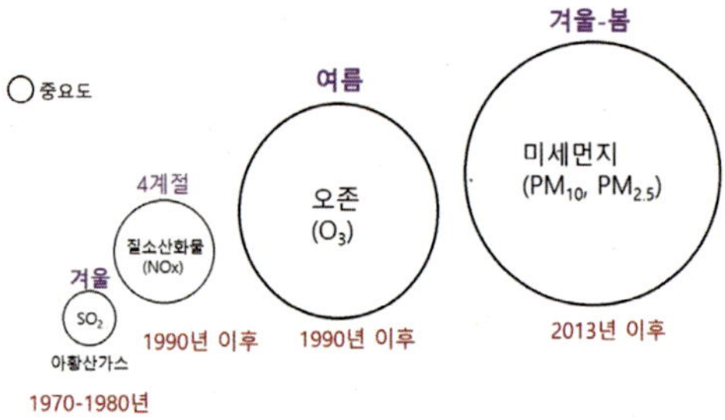

(그림 4) 주요 4개 오염물질의 계절 특성과 우선순위 변천사

대기오염 흑역사-미세먼지가 주범이다

우리는 공기가 없으면 3분, 물이 없으면 3주, 음식이 없으면 3개월 이상 버티지 못한다고 한다. 그만큼 우리가 숨쉬는 대기의 질에 문제가 생기면 인간에게 즉각 치명상을 주게 된다. 역사적으로 대기오염은 20세기에 들어서 돌발적으로 나타난 현상은 아니다. 오래전부터 간간이 발생하기 시작되었고, 18~ 19세기 산업혁명 이후부터 본격화되었으며, 경제성장이 가속화된 20세기와 4차 산업혁명 21세기인 오늘날에도 현재진행형이다.

수천 명 이상의 인명 피해를 양산한 초대형 대기오염 역사(연도별)

는, 1930년 벨기에 뮤즈 계곡사건, 1945년 미국 로스앤젤레스 사건, 1948년 미국 펜실베이니아주 도노라 대참사 사건, 1952년에는 런던스모그 사건으로 요약할 수 있으며, 모두가 미세먼지와 직결되어 있다. 스모그[1]는 smoke+fog의 합성어로서 요즘 대기환경 용어로 표현하면 '미세먼지의 고농도 사례'에 해당한다. 이 중에서 런던스모그 사건이 단연 기록적이다. 간략히 4가지 사건을 요약하였다.

런던(London) 스모그 사건은 주로 아황산가스와 떠돌아다니는 미세먼지 성분이 안개와 결합하여 일어났다. 런던은 안개의 도시라고 할 만큼 항상 짙은 안개에 싸여 있는 하천 분지형 도시로서 배출원은 점오염원인 공장의 매연, 면오염원인 건물이나 일반가정의 난방으로 인해 배출된 가스가 주요 원인이 되었다. '살인적 스모그' 사건이라는 말이 나올 만큼 처참했던 이 사건은 1952년 12월 5일~9일에 걸쳐 일어났으며, 매우 낮은 풍속과 기온 역전 현상이 지속되어, 오염물질의 통풍 조건이 극히 불량하였다. London 스모그 사건으로 약 4,000명이 호흡기 질환으로 사망하였고, 이듬해인 1953년 2월까지 8,000여 명의 사망자가 더 발생한 사건으로, 전 기간을 통한 사망자 수는 약 12,000여 명으로 기록된 대기오염 역사상 가장 처참한 대기오염 사건으로 불린다.

두 번째로는 로스앤젤레스(Los Angeles, LA) 스모그 사건으로서, 1945년 이후 미국의 LA에서 발생하였다. London 스모그와는 전혀 다른 형태의 스모그 현상으로서, 캘리포니아주의 자동차 급증에 의한 현상으로 발생하였다. 주 원인 물질로는 선오염원인 차량 배기가스인 질소산화물 등이 오존과 2차 미세먼지를 생성하였고, 여기에다 석유계 연료에서 유래하는 탄화수소 등 여러 종류의 대기오염물질이 복합적으로 광화학 반응에

1 스모그는 smoke+fog의 합성어로서, 광화학 스모그라고도 하며, 엄밀하게 말하면 광화학 오존(O_3)과는 구분된다. 자동차 배기가스에서 나오는 질소산화물은 태양 빛이 존재할 경우 광화학 오존(O_3)을 생성시킨다. 이 오존은 이후 자동차 배기가스와의 더 많은 반응을 통해 스모그(smog), 즉 미세먼지를 생성시킨다.

참여하여 발생한 스모그 사건이다. 이후 LA 스모그는 광화학 스모그 혹은 2차 대기오염물질의 대명사가 되어버렸다. 2차 생성된 회청색의 스모그는 도시 전체를 뒤덮어 시정 악화와 더불어 눈, 코, 기도, 폐 등 점막의 지속적 반복자극으로 인체에 나쁜 영향을 미쳤다.

세 번째로는 뮤즈(Meuse) 계곡사건과 도노라(Donora) 사건이다. 1930년 겨울, 벨기에의 공업지대인 뮤즈 지방에서 발생하여 사망자가 63명에 달하였으며, 수백 명의 급성폐렴 환자와 전 연령층의 급성 호흡기 환자가 발생했던 사건이다. 계곡 주변에 건설된 산업공장시설에서 배출된 아황산가스가 확산되지 못하고, 약한 풍속과 안정한 대기 상태가 며칠째 지속하면서 대기의 통풍 불량으로 발생한 사건이다. 도로나 사건 또한 미국 펜실베이니아주의 소도시 도노라에서 제철소와 황산제련공장 등 산업시설 등에서 배출된 아황산가스가 1948년 약 4~5일간에 걸쳐 역시 안정한 대기와 낮은 풍속으로 정체되면서, 20여 명이 사망하고, 6,000여 명이 호흡기 질환을 일으킨 사건이다.

이상의 대규모 스모그 사건 이외에도 다수의 역사적 대기오염 사건을 쉽게 찾아볼 수 있으며, 그 주범은 모두 스모그, 즉, 미세먼지로 귀결된다. 당시의 기상 조건 또한, 풍속이 적고 안정한 대기 상태가 지속하여 대기의 통풍 조건이 공통적으로 모두 불량하였던 것 또한 흥미롭다.

결론적으로, 역사적 대기오염 (스모그) 사건들은 발생원이나 생성과정에 따라 크게 London형 스모그와 LA형 스모그 유형으로 분류할 수 있다. 즉, London형 스모그는 주로 겨울철에 난방 등을 위한 석탄 연소로 인하여 발생하는 아황산가스 등이 주범이 되는 후진국형 스모그 유형이었다면, LA형 스모그는 자동차 배기가스와 같은 석유 연소가 된 후 햇빛을 받아서 광화학 반응을 일으키는 과정에서 오존 등과 같은 해로운 오염물질이 주범이 되는 선진국형 스모그 유형으로서, 햇빛이 강한 여름철에 주로 일어난다. 두 유형의 스모그 사건 모두 요즘 표현으로 바꾸면 '초고농도 미세먼지' 사건에 해당한다고 볼 수 있으며, 'London형'과 'LA형'은 '1차 미세먼지'와 '2차 미세먼지'에 대략 해당한다고 볼 수 있다. 스모그의 두 가지 유형, 즉 London형 스모그와 LA형 스모그 특징은 (표 1)에 요약하였다.

(표 1) 런던(London)형 스모그와 로스앤젤레스(LA)형 스모그 비교

구분	London형 스모그	LA형 스모그
특징	황화합물(미세먼지)	광화학 스모그(오존)
1차 오염물질	아황산가스, 검댕	휘발성 유기화합물, 이산화질소
2차 오염물질	황산염, 미세먼지	오존, 미세먼지
기온	낮음(<1.7℃)	높음 (>23℃)
상대습도	높음	낮음
시간대	이른 아침	오후

우리나라에서도 이러한 계절적 특성이 반영되어 과거에는 London형 스모그가, 최근에는 LA형 스모그가 주로 발생한다. 동북아시아 지역, 특히 중국의 대도시의 경우 최근의 미세먼지 유형은 위에서 언급한 두 스모그 유형이 혼재하는 복합형 스모그 유형으로 관측되고 있으며, 그 주범은 당연히 미세먼지이다.

우리나라의 대기오염 역사는 선진 공업국과 같은 대참사 사건의 기록은 없는 것으로 알려져 있다. 2000년 초반 극심한 황사가 발생하였고, 2013년 세계보건기구 산하의 국제암연구소 (IARC, International Agency for Research on Cancer)에서 공식적으로 (초)미세먼지를 1군 발암물질(Group 1)로 지정함에 따라, 우리나라에서도 급기야 미세먼지 예·경보제를 시행하는 등 큰 사회적 문제로 주목받았다. 최근에도 (초)미

세먼지는 그 체감 농도가 다른 대기오염물질보다 민감할 뿐만 아니라, 중국 등 외부로부터 유입되는 영향과 맞물려 매우 큰 사회문제로 주목받고 있다.

학습 요약 정리 1

1. 지구 대기는 그 두께가 지구 반경의 0.5% 이하의 매우 얇은 층으로서 대기오염에 매우 취약하다.

2. 대기오염물질은 배출원에서 직접 배출되는 1차 대기오염물질과 1차 오염물질 간 대기 중 화학반응을 통해 생성된 2차 대기오염물질이 있다.

3. 4대 대기오염물질(air pollutants)로서 아황산가스(SO_2), 이산화질소(NO_2), 오존(O_3), 미세먼지(PM_{10}, $PM_{2.5}$)가 있다.

4. 4대 대기오염물질 중에서 1차 대기오염물질은 아황산가스(SO_2), 이산화질소(NO_2)가 있으며, 2차 대기오염물질은 오존이 대표적이며, 1차 및 2차 모두 해당하는 것은 미세먼지이다.

5. 수천 명의 인명을 앗아간 역사적인 대기오염 사건 중에서 대표적인 것은 London 스모그 사건과 LA 스모그 사건이 있으며, 매우 다른 특성 때문에 후속 대기오염 사건의 원형이 되었다. London 스모그 사건은 황산화물이, LA 스모그 사건은 질소산화물이 원인이 되었다. 두 스모그 사건은 서로 다른 특성 때문에 대기오염 사건의 두 유형 (London형, LA형)으로 불리워졌는데, 그 최종 주범은 모두 미세먼지이다.

6. 역사적인 대기오염 사건들의 공통점은 풍속이 낮고 대기안정도가 안정하여 대기오염물질의 통풍이 불량하였다.

7. 한중일 3국을 포함한 동북아시아 지역에서의 최근의 고농도 미세먼지 유형은 두 스모그 유형(London형, LA형)이 혼재하는 복합형 스모그 유형으로 관측되고 있다.

2

미세먼지 제대로 알자

미세먼지란?

미세먼지와 인공강우와의 관계를 이해하기에 앞서, 먼저 미세먼지의 물리·화학적 실체를 심도있게 파악할 필요가 있다. 우선 먼지(particulate matter)의 의미부터 파악해 보자. 앞 장에서 대략적인 미세먼지의 정의와 그 직경의 크기로 분류되는 $PM_{2.5}$ 혹은 PM_{10}의 기본적인 사항을 소개하였으나, 일반적으로 먼지란 크기와 상관없이 모든 입자상 물질을 총칭하는 개념이다. 먼지는 대기 중에 부유하면서 대부분 50㎛ 이하로 존재하며, 그 이상 크기의 먼지는 하강하여 대기에서 제거된다. 이러한 의미에서 공기 중에 떠 있는 부피당 총 먼지의 질량을 총먼지(Total Suspended Particle, TSP)라는 용어로 사용하여 왔다.

총 먼지를 크기에 따라 더 세분하게 된 이유는 작은 입자일수록 인체의 호흡기 등에 더 악영향을 미치는 등, 먼지의 크기에 따라 인체 유해성이 다르게 나타나기 때문이다. 따라서 직경이 10㎛보다 작은 미세먼지인 PM_{10}과, 지름이 2.5㎛보다 작은 초미세먼지인 $PM_{2.5}$로 구분하게 되었고, 그 크기는 주로 사람 머리카락 두께와 비교한다. 사람의 머리카락 지름이 50~70㎛이므로 미세먼지인 PM_{10}은 사람 머리카락 보다 약 1/5~1/7 정도로 작은 크기이며, $PM_{2.5}$는 머리카락의 약 1/20~1/30 정도로 더 작다(그림 5). 영어로 PM_{10}은 fine particulate matter, $PM_{2.5}$는 ultra-fine particulate matter이다. (초)미세먼지의 농도 단위는 공기 1m^3 중 미세먼지의 무게(백만분의 1g을 의미하는 ㎍)를 나타내는 부피당 질량농도(㎍/㎥)로 표시하거나, 직경에 상관없이 단순히 입자의 개수를 나타내는 부피당 갯수농도(#)/㎥로 나타내기도 한다.

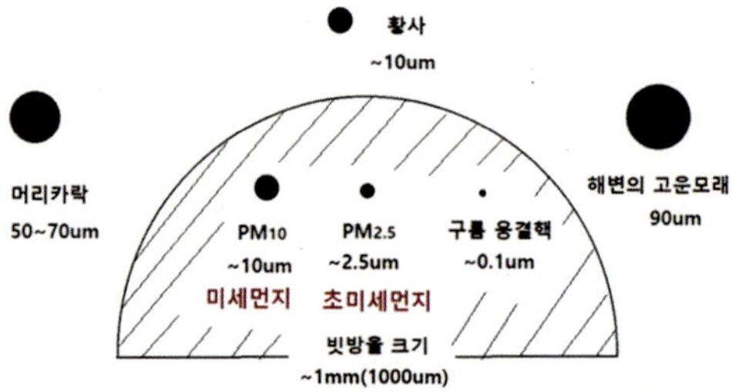

(그림 5) (초)미세먼지, 구름 응결핵, 빗방울의 직경 크기 비교

미세먼지의 탄생

대기오염물질 배출은 인위적 활동에 의한 배출원 유형을 점(point), 선(line), 면(area) 오염원으로 나뉜다. 점(point)오염원은 공장 굴뚝에서, 선(line)오염원은 도로의 차량 배기가스에서, 면(area)오염원은 가정 난방 등에 의한 거주 지역에서 발생하는 것으로 분류된다. 배출원 유형으로 볼 때, 차량은 도로에서 이동한다는 의미에서 이동오염원이라고 하며, 공장과 거주지 등에서의 오염원을 고정오염원으로 다시 분류하기도 한다.

미세먼지는 다른 오염물질과 달리 그 발생원을 매우 다양하게 분류한다. 인위적 미세먼지 발생은 공장 등에서 나오는 점오염원, 자동차에 의한 선오염원, 난방 등이 기원인 면오염원이 모두 가능하다. 자연적 미세먼지 발생은 모래바람의 먼지, 화산재, 산불이 발생할 때 생기는 먼지, 해염입자 등 여러 가지가 있다.

미세먼지는 1+2차의 복합형 오염물질이다. 1차 미세먼지는 석탄·석유 등 화석연료가 연소되는 과정에서 직접 발생하며, 그 외에도 소량이지만 산불 등에 의한 검댕 성분이 발생한다. 이 성분을 BC (Black Carbon) 혹은 EC(Elementary Carbon)로 불린다. 반면, 2차 미세먼지는 점오염원(공장)에서 배출된 아황산가스 혹은 선오염원(자동차)에서 배출되는 이산화질소 등이 대기 중의 수증기, 오존, 암모니아 등과 결합하여 생성된다. 2차 발생이 중요한 이유는 우리나라 수도권을 예를 들면, 화학반응에 의한 2차 먼지 생성 비중이 전체 미세먼지($PM_{2.5}$) 질량의 약 2/3를 차지할 만큼 비중이 매우 높다고 알려져 있기 때문이다.

1차 배출된 가스상 대기오염물질이 2차 미세먼지로 전환되는 과정은 다음과 같다. 차량 등 각종 연소과정에서 발생한 1차 오염물질인 질소산화물(NO, NO_2)은 대기 중에서 산화되어 질산(HNO_3)을 생성하고, 생성된 질산은 대기 중 염기성 물질인 암모니아(NH_3)와 반응하여 질산암모늄(NH_4NO_3)이 된다. 이 물질은 구성상 매우 중요한 2차 질산염 미세먼지이다. 한편, 공장 등에서 배출된 아황산가스(SO_2)는 대기 중 수증기 등과 반응하여 황산(H_2SO_4)이 되고, 다시 암모니아와 반응하여 황산암모늄($(NH_4)_2SO_4$)이 되는데, 역시 중요한 2차 황산염 미세먼지이다. 이들 질산염과 황산염 미세먼지 성분을 모두 합하여 2차 무기화합물(Secondary Inorganic Particles)이라 한다.

한편 자동차 배기가스, 주유소 수증기 등에 많이 포함된 휘발성 유기화합물(VOCs)은 다양한 배출원에서 배출되며, 대기 중 반응성이 강한 물질(OH, O_3 등)과 화학반응을 일으켜 2차 유기탄소입자(Secondary Organic Carbon Particles)가 되는데, 이 물질 또한 빼놓을 수 없는 2차 미세먼지의 성분이다.

날씨와 미세먼지

우리나라 미세먼지가 자주 높게 나타나는 까닭은 자체 배출량 이외에도, 편서풍과 연관된 불리한 지리적 위치와 계절별 주풍방향 등 기상요건까지 유리하지 않기 때문이다. (그림 6)에 계절별 주풍방향과 중국의 대표적인 고배출 3 지역(징진지, 장강삼각주, 주강삼각주)을 표시하였다. 그림에서 볼 때, 우리나라는 4 계절 모두 주강삼각주를 제외한 중국 고배출 지역과 연관될 수 있음을 유추할 수 있으며, 특히 겨울철과 봄철에 북서풍 계열의 바람이 중국의 미세먼지를 우리나라로 수송하기에 유리한 것으로 볼 수 있다.

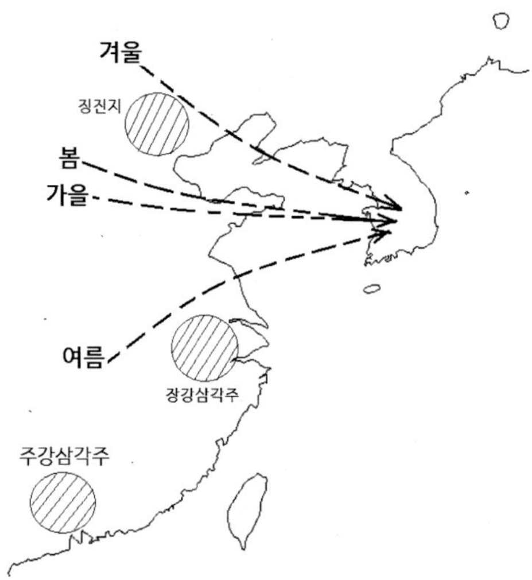

(그림 6) 계절별 주풍방향과 중국의 3대 고배출 지역

반면 미세먼지를 씻어 내리는 우리나라 강수 현상은 상대적으로 미세먼지 농도가 낮은 여름철에 집중되어 있어서 겨울철 미세먼지 세정효과

는 크지 않다. 이처럼 미세먼지 농도는 해당 지역 대기 오염물질 배출량뿐만 아니라 날씨와 계절별 기상 특성과 연관되어 나타난다. 보다 구체적인 계절별 기상특성과 미세먼지 연관성은 다음과 같다.

겨울철에는 대륙성 고기압의 영향으로 북서풍 혹은 북풍계열의 풍계가 많고, 난방 등 연료사용이 증가하여 배출량이 많아지면서 미세먼지 농도가 높아진다. 특히 중국의 고배출 지역 중 하나인 징진지(베이징, 텐진, 허베이성) 지역을 북서풍이 관통하면서 고농도 미세먼지를 우리나라로 유입시킬 확률이 매우 높아지게 된다. 봄에도 여전히 북서풍의 영향이 우세하며, 또한 이동성 저기압과 건조한 지표 영향으로 황사를 동반한 고농도 미세먼지가 많이 발생한다. 여름철에는 2차 미세먼지 생성이 더욱 활발하지만, 남풍이 우세하여 중국 징진지 지역에서 우리나라로 대기오염물질이 이동하는 확률은 현저히 낮아진다. 또한 장마 등 강수가 많은 계절이라서 미세먼지 제거과정이 우세하여 미세먼지 농도가 4계절 중 제일 낮다. 비가 내리면 미세먼지와 같은 대기오염물질이 빗방울에 씻겨 제거하는 세정효과(washout effect)를 유도함으로써 대기를 깨끗하게 정화하기 때문이다. '천고마비'의 계절인 가을에는 상대적으로 기압계의 흐름이 빠르고 지역적인 대기의 순환도 원활하기 때문에 미세먼지 농도가 높지 않은 편이다.

국지 기상 요인 또한 미세먼지 농도 수준을 결정하는 데 매우 중요하다. 특히 대기안정도(stability)는 미세먼지 고농도와 매우 밀접하게 연관된다. 일반적으로 대류권에서의 기온은 고도가 100m 높아질 때마다 약 0.6℃씩 낮아지는데, 반대로 고도에 따라 기온이 상승하는 경우 '기온 역전층'이라 하여, 매우 안정한 대기층을 형성할 때가 종종 있다. 대개 공기는 기온에 따라 밀도가 변하여, 더운 공기는 위로 (warm air rising), 차가운 공기는 아래로 (cold air sinking) 향하게 된다. 따라서 기온 역전이 일어난 공기층에서는 그 반대로 고도가 낮은 쪽에 무거운 공기가, 높은 쪽에 가벼운 공기가 위치하게 되어, 그 무게 차에 의한 공기의 상하 이동은 일어나지 않고 안정한 대기층을 형성하여, 연직으로 미세먼지의 불량한 통풍을 유도하여 극심한 고농도 사례를 유발하게 된다(그림 7).

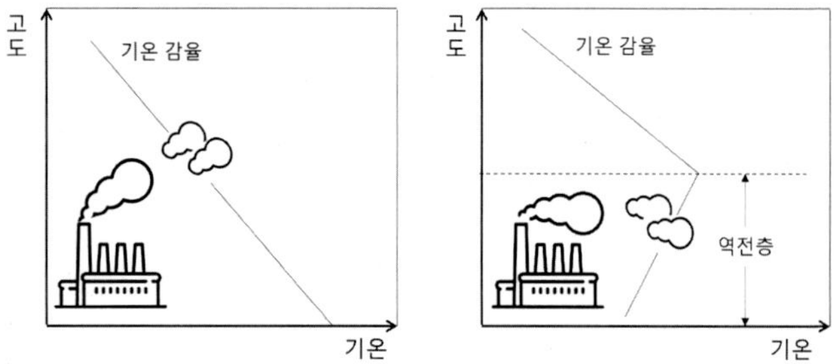

(그림 7) 일반적인 대기 조건과 기온 역전층

기온 역전층이 중요한 이유는 역전현상이 지표 가까이에서 자주 일어나기 때문이다. 일반적으로 지표에 배출원이 많으므로, 미세먼지는 지표에만 머무르게 되면서 미세먼지를 계속 쌓아가게 되어 미세먼지 농도를 급격히 올리게 된다. 기온 역전 현상은 일교차가 큰 계절이나 산간분지 지역에서 자주 발생하며, 앞 장에서 소개한 역사적 대기오염 사건에도 이러한 안정층(역전층)의 대기 조건을 모두 갖추고 있음을 확인할 수 있다.

구름이 적고 일사량이 많은 맑은 날 미세먼지 농도가 높으면, 햇빛이 미세먼지에 의해 여러 방향으로 흩어지는 현상인 산란(scattering), 혹은 일부는 흡수(absorption)되어 가시거리(visibility)가 감소하게 된다. 황산염, 질산염 등 2차 생성된 초기의 매우 작은 미세먼지 입자들은 황해에서 수송된 충분한 수증기에 의해 미세먼지 농도와 크기가 커지게 되며, 그 결과 가시거리가 더욱 짧아지는 현상이 자주 나타난다. 결국, 미세먼지는 날씨의 계절 특성, 강수량, 바람, 대기안정도(연직 기온분포) 뿐만 아니라 일사량, 습도 등 거의 모든 기상요소와 밀접하게 관련되어 있음을 알 수 있다.

미세먼지 속에는 무엇이 있나?

대도시에서 측정되는 일반적인 미세먼지의 화학성분별 구성 비율은 위에서 설명한 2차 생성된 성분인 질산염과 황산염 비율이 상대적으로 높다. 최근에는 휘발성 유기화합물들이 2차 생성된 유기탄소 성분 또한 증가하는 추세이다. 또한, 석탄 · 석유 등 화석연료를 태우는 과정에서 직접 발생 하는 1차 미세먼지 성분으로서 원소탄소 성분과 검댕이 있으며, 자연적 발생원인 지표면 흙먼지 등 지각 광물성분도 미세먼지를 구성한다.

우리나라 전국 6개 주요 도시지역에서 Jennifer(2014)의 미세먼지 성분 분류 방식(황산염, 질산염, 탄소류, 검댕, 기타)으로 측정된 초미세먼지의 화학성분 구성 비율은 2차 무기화합물인 황산염, 질산염이 58.3%로 가장 높고, 탄소류(=유기탄소+원소탄소)와 검댕 16.8%, 기타 광물 6.3% 순으로 나타났다(그림 8).

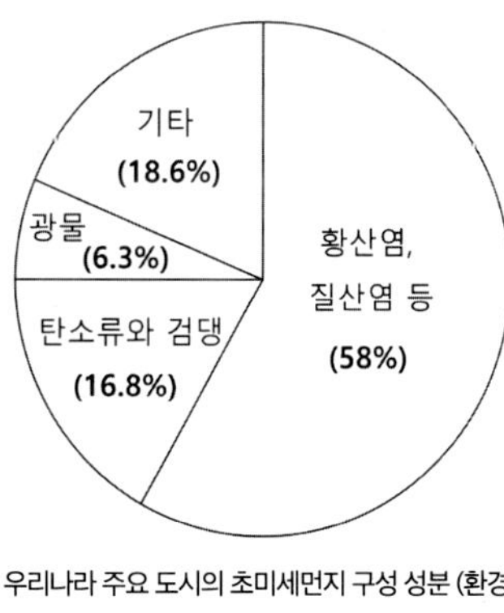

(그림 8) 우리나라 주요 도시의 초미세먼지 구성 성분 (환경부, 2016)

우리나라의 $PM_{2.5}$ 농도 측정은 PM_{10}농도 측정과는 달리 최근에 와서야 시작되었으므로, 현재 수준과 장기 추세는 PM_{10}농도만 확인할 수 있다. (그림 7)은 서울과 부산에서 측정된 PM_{10} 농도의 장기 변동 수준을 나타낸 것이다. 두 도시 모두 연평균 PM_{10} 변화 경향은 역설적이게도 감소추세에 있다. 전체적으로 모두 환경부가 1995년 농도 측정을 시작한 이래 조금씩 감소하다가, 1999~2002년경에 증가, 그 이후에는 계속 감소하는 추세를 보였다(그림 9).

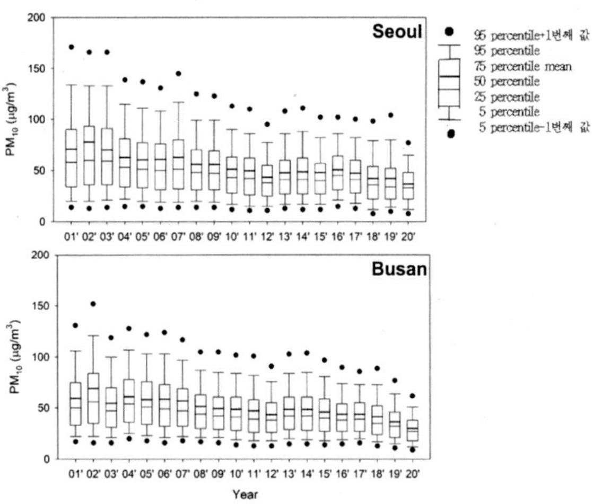

(그림 9) 우리나라 주요 도시의 미세먼지 연변화 경향 (자료: 대기환경연보, 환경부)

두 도시를 구체적으로 살펴보면, 서울은 2001~2006년까지는 51~61㎍/㎥ 사이를 오르내렸으나, '수도권 대기환경관리 기본계획(2005~2014년)'이 시행 중인 2007년부터 감소추세로 돌아섰으며, 최근 다시 대기 질 개선이 다소 정체되는 모습을 보인다. 부산의 연평균 농도는 서울보다 낮은 것으로 나타났으며, 2007년 이후 감소추세가 뚜렷하였으나 그 감소 폭은 서울보다 적게 나타났다(그림 7). 이는 수도권 대기질 특별법 등 수도권에 집중된 미세먼지 저감 정책에 의해 서울이 더 큰 폭으로 감소한 것에 기인한 것으로 추측된다.

서울과 부산 등 우리나라 대도시의 미세먼지 농도는 외국 주요 선진국의 도시들과 비교해 보면 여전히 높은 수준이다. 2014년의 경우, 서울의 미세먼지(PM_{10}) 농도는 미국 LA보다 1.5배 높고, 프랑스 파리와 영국 런던보다 각각 2.1배, 2.3배 높았다.

미세먼지 예보, 미리 알고 대처하자

미세먼지 농도와 같은 자연현상 뿐만 아니라 누적된 지식과 경험을 기반으로 금융, 스포츠, 인구통계 등 앞으로 일어날 일을 예측하는 것은 매우 매력적인 일이다. 우리나라 미세먼지 예보는 2015년부터 시작되었으며, 전국을 18개 권역으로 세분하여 시행되었다. '내일'에 대한 예보결과를 매일 4회 (오전 5시/11시, 오후 5시/11시) 제공하고 있다.

미세먼지 농도를 예측하기 위해서는, 미세먼지의 물리·화학적 생성, 이동, 소멸과정을 시간에 따른 미세먼지 예측방정식(prognostic equation)으로 표현한다. 오늘 현재의 미세먼지 농도를 초기조건(initial condition)으로 설정하고, 수립된 예측방정식을 시간에 대하여 적분하여 내일의 미

2 미세먼지 예측방정식

$$\underbrace{\frac{\partial C}{\partial t}}_{①} = \underbrace{-\nabla(uC)}_{②} + \underbrace{\nabla(K\nabla C)}_{③} + \underbrace{R}_{④} + \underbrace{E}_{⑤} - \underbrace{D}_{⑥}$$

C는 미세먼지 농도, u 풍속, t 시간, K 확산 계수, R, E, D는 각각 화학반응(Chemical Reaction), 배출량(Emission), 제거되는 양(Deposition)을 나타냄. ①미세먼지의 시간에 따른 변화(생성 혹은 감소), ②바람에 의한 수송항, ③확산량, ④,⑤,⑥ 은 각각 화학반응, 배출량, 제거과정을 나타낸다.

세먼지 농도를 계산한다. 수립된 미세먼지 예측방정식[2]에는 풀기 힘든 복잡한 수학적 수식이 포함되므로, 컴퓨터를 이용한 수치해법(numerical solution)을 통해 미세먼지 농도를 계산한다.

대기오염 예측방정식에서 수치해법으로 정확한 해를 구하기 위해서는 바람, 확산 강도, 관여되는 화학반응식과 반응 계수, 배출량, 강수에 의한 미세먼지 제거 효율 정보 등을 모두 규명하여야 한다. 따라서 미세먼지를 예측하기 이전에 미리 격자(grid)별 동아시아(중국 포함) 배출량, 3차원 바람장 등 매우 다양한 입력자료를 준비해 놓고, 모든 입력자료의 준비가 완료되면, 컴퓨터에서 예측방정식을 계산하도록 설계하여 사용한다. 이렇게 컴퓨터에서 수치 해법으로 방정식을 풀어서 미세먼지 농도를 계산하도록 개발한 것이 대기질 모델[3]이며, 그 구동 방식은 일기예보 방식과 동일하다.

현재 미세먼지 현업 예보는 국립환경과학원 통합대기질 예보센터에서 이루어지고 있으며, 대기질 모델을 이용하여 생산한 미세먼지 예보결과를 이용하여 '좋음-보통-나쁨-매우나쁨'으로 권역별 등급을 매겨서 발표하게 된다. 대기질 예보절차는 아래의 '관측 → 모델 → 예측 → 전달'의 4단계로 이루어지며 (그림 10), 단계별 구체적 설명은 다음과 같다.

첫째, '관측' 단계는 기상과 대기질을 감시하고 추세를 파악하는 단계이다. 기상 관측망과 국내·외 실시간 대기질 측정자료가 이에 활용된다. 둘째, '모델' 적용단계는 다양한 기상 조건에서 오염물질 배출량을 대기중 농도로 변환하여 계산하는 과정이다. 따라서 미세먼지 예측 모델은 기상·배출처리·대기화학·수송 등의 요소로 구성된다. 셋째, '예측' 단계는 관측자료와 모델 결과에 예보관의 지식·경험·비결을 더하여 18개 권역별

---

3 미세먼지 예보 모델로는 WRF-CMAQ, Geos-Chem, WRF-Chem 등이 이용되며, 그 외 환경영향평가용 모델로는 가우시안 모델로서 AEROMOD, ISCLT, HIWAY등이 있다.

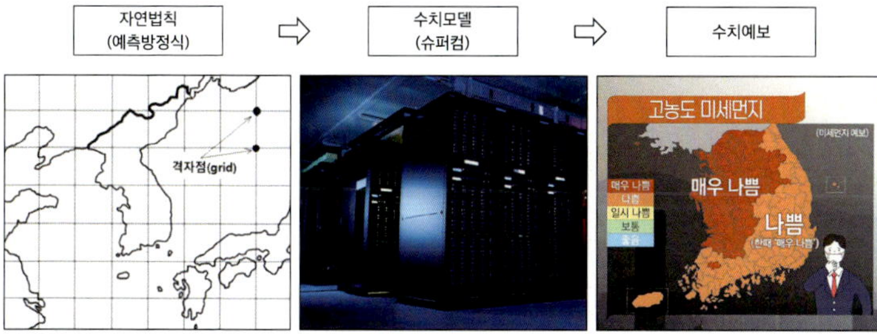

(그림 10) 미세먼지 예보 과정

*수치예보 사진 출처: https://www.ytn.co.kr/_ln/0108_201901132345408917

'좋음-보통-나쁨-매우나쁨' 중 적합한 등급을 결정하는 과정이다. 넷째(마지막), '전달' 단계는 생산된 미세먼지 예보결과를 TV, 라디오, 홈페이지(에어 코리아), 문자, 모바일 앱(우리동네 대기질) 등을 통해 국민에게 알린다.

학습 요약 정리 2

1. 미세먼지는 직경이 10㎛보다 작은 미세먼지(PM_{10})와 지름이 2.5㎛보다 작은 미세먼지($PM_{2.5}$)로 나뉜다. 미세먼지 농도 단위는 부피당 질량농도(㎍/㎥) 혹은 부피당 갯수농도(#)/㎥로 나타내기도 한다.

2. 미세먼지는 1차 미세먼지 뿐만 아니라 배출된 가스상 대기오염물질이 대기 중 화학반응을 통해 생성된 2차 미세먼지가 공존하며, 2차 미세먼지의 대표적인 화학성분은 질산염, 황산염, 유기탄소입자가 있다.

3. 대기오염물질 배출은 인위적 배출과 자연적 배출로 나뉘며, 인위적 배출원에는 유형별로 점, 선, 면 오염원으로 나뉜다. 차량 관련 배출은 이동오염원이라고 하며, 공장과 거주지 등에서는 고정오염원으로 분류한다.

4. 미세먼지는 날씨와 밀접한 관계가 있을 뿐만 아니라 국지 기상 요인, 특히 대기안정도(stability)와 연관되어 나타난다.

5. 우리나라 전국 6개 주요 도시지역에서 측정된 미세먼지 화학성분 구성비율은 2차 무기화합물인 황산염, 질산염이 60% 가까이 차지하며, 탄소류와 검댕, 광물, 기타 순이다

6. 우리나라 주여 대도시의 연평균 미세먼지 농도는 감소추세에 있으나 주요 선진국의 도시와 비교해 보면 여전히 높은 수준이다. 2014년 서울은

미국 LA보다 1.5배 높고, 프랑스 파리와 영국 런던보다 각각 2.1배, 2.3배 높다.

7. 미세먼지 예보 방식은 예측방정식의 수치 해법을 구하는 방법을 기반으로 하며, 그 과정에서 배출량, 바람 등 매우 다양한 입력변수를 요구하므로 컴퓨터에서 대기질 모델을 구현하여 미세먼지 농도를 계산한다.

3

미세먼지와 황사의 차이점 찾기

봄의 불청객 황사의 발원지

황사는 봄의 불청객이라 불리며, 황사의 사전적 정의는 중국 북부나 몽골의 사막지대와 황토고원(총 262만 ㎢, 한반도의 약 12배)에서 강력한 회오리바람에 의해 쓸려 올라간 미세한 흙먼지를 말한다. 황사의 발원지는 중국의 신장, 황하강 상류 지역, 고비 사막 등 몽골지역과 중국의 경계에 걸친 넓은 건조지역이다. 황사 발원지에서 황사가 발생하면 강한 바람과 함께 모래 먼지가 갑자기 몰려와서 1km 밖을 구분할 수 없을 정도가 가시거리가 극도로 저해되며, 때로는 우리나라로 이동하여 여러 피해를 준다.

우리나라에 황사가 유독 봄에 많이 발생하는 이유는 무엇일까? 그 이유는 발생(발원지)→수송(풍계)으로 간단히 설명된다. 먼저 황사 현상이 일어나려면 땅에 깔려있거나 붙어 있는 모래나 황토가 지표에서 잘게 부서져 있어서 토양 알갱이들이 잘 움직일 수 있는 정도가 되어야 한다. 그렇게 되려면 강수가 적어야 하고, 땅의 황토알갱이가 축축하지 않고 건조하여야 하고, 표면이 얼지 않고 녹아서 푸석푸석해서 잘게 부서질 수 있어야 한다. 따라서 수개월 동안 비 한 방울 오지 않고, 태양이 사정없이 내리쬐는 고비 사막이나 몽골의 황량한 지대가 황사의 좋은 발원지가 된다. 황사 발원지에서 이상의 조건을 우선 만족시키는 계절은 봄철이다. 여름의 경우 비가 자주 내려 입자들이 축축하고 무거우며, 또한 가을까지는 봄부터 싹을 튀우기 시작한 식물들이 땅에 뿌리를 굳게 내리고 있으며, 겨울은 낮은 기온 탓에 흙이 얼어서 토양 알갱이가 움직이기 힘들다. 이와 달리 봄에는 기온이 상승하면서 얼어있던 지표가 녹아 부서지면서 20㎛ 이하 크기의 먼지가 대기 중으로 떠 오르기 좋은 미세한 모래와 황토로 변하게 된다. 겨울을 지나면서 황사 발원지에서 모래 먼지가 땅으로부터 자유로워져 지는 봄에 황사가 많이 발생하는 첫 번째 이유이다.

봄철에 우리나라로 황사가 수송되기 쉬운 두 번째 이유는 황사 발원지와 우리나라를 연결하는 바람(풍계)과 연관된다. 우리나라로 수송되는 황사는 주로 3~5월경에 많이 발생하며 그 주요 발원지는 고비 사막, 중국 북동지역, 내몽골고원 순으로 알려져 있다(그림 11). 통계에 의하면 발원지에서 발원한 황사는 강한 서풍 혹은 북서풍을 타고 우리나라를 거쳐 일본, 태평양, 북아메리카까지 날아가기도 한다. 발원지를 기준으로 풍계를 살펴볼 때 남풍 혹은 남서풍이 많은 여름철보다는 (북)서풍이 많은 봄철에 발원지와 우리나라를 연결하는 주요 황사 수송 경로가 잘 형성된다. 봄철에 우리나라에서 황사가 자주 관측되는 두 번째 이유이다.

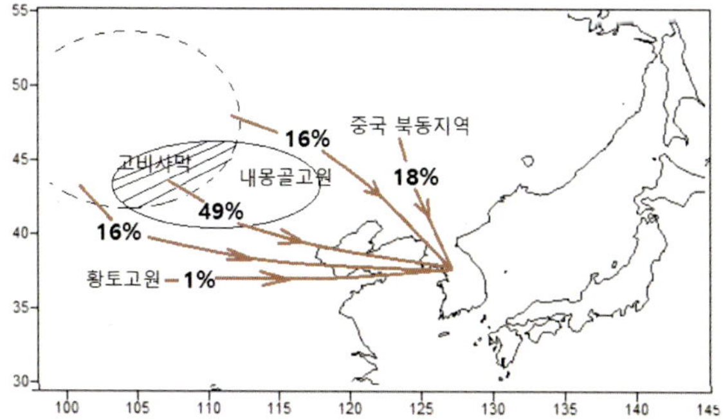

(그림 11) 과거 13년 (2002~2014년) 기준 114회의 황사 사례 경로

*자료 통계: 손에 잡히는 예보기술 (기상청)

황사와 미세먼지의 차이점

황사와 미세먼지는 다르다. 우선 배출원 특성에서 차이가 있다. 황사의 경우 발원지를 미리 분류하여 정의해 놓은 반면, 미세먼지는 생성 방법이 앞장에서 설명하였듯이 1+2차 오염물질로서 매우 다양하며, 또한 발원지가 특정되어 있지도 않다. 따라서 미세먼지는 어디서 발생하든 다만 그 입자의 직경만 일정 이하로 만족되면 (초)미세먼지라 할 수 있으나, 황사는 그 발원지가 어디냐를 따져야 하며, 분류된 발원지가 아니면 황사로 규정할 수도 없다.

두 번째 차이점으로는 화학성분에 있다. 황사는 자연적으로 발생한 흙먼지로서 토양 성분이 주를 이루지만, 미세먼지는 화석연료 연소, 공장 · 자동차 배출가스 등 인위적 활동으로 주로 발생하며 질산염·황산염·탄소류 등 다양한 화학성분으로 구성된다는 점에서 황사와 구분된다.

세 번째로, 물리적 성질의 차이이다. 황사의 크기는 미세먼지 입자보다 상대적으로 크게 즉 5~6 μm까지 관측되는 반면, (초)미세먼지는 이보다 적은 1μm 이내로 주로 관측된다. 황사-미세먼지의 입자 크기의 차이는 빛의 산란, 빛의 흡수 과정에서의 차이를 유발하며(특히 미세먼지의 탄소성분), 미세먼지와 기후변화와 연관되는 연구가 최근 수행되면서 대기 중 복사강제력의 차이 또한 확인된다.

마지막으로, 예보 주관 부서로서 황사 예보(주의보와 경보)는 기상청에서, 미세먼지 예보(주의보와 경보)는 국립환경과학원 통합대기질 예보센터에서 담당하고 있다.

몽골사람 찾기

황사의 주요 발원지 중의 하나는 고비 사막이다(그림 11). 고비 사막이 있는 목축의 나라 몽골에서는 목축 유형과 황사 발생이 상당히 연관성이 있음을 이해할 필요가 있다. 몽골의 목축은 전통적으로 유목 목축인데, 몽골 유목민들이 수천 년 동안 계절에 따라 초원 지역을 이동하면서 살아온 민족이라는 점과 밀접한 관련이 있다. 여름에는 메마르고 바람이 부는 강변 지역이, 겨울에는 강바람을 피할 수 있는 산이나 언덕과 가까운 지역이 목축하기에 좋으므로 계절에 따라 이동하면서 살았다. 따라서 몽골의 초지는 예전부터 공동 소유가 많으며, 유목민들은 계절마다 최적의 장소로 이동하기에 자유롭다. 몽골의 둥근 모양의 주택인 '몽골 게르(Mongol Ger)'는 이처럼 자유롭게 이동하고 초지에서 목축업을 하는 주거 생활방식 때문에 발명되었고(그림 12), 접고 포장하고 조립하기 쉽게 제작된 게르를 이용하여 쉽게 이동하면서 목축업에 종사할 수 있었다.

예전 우리나라 어느 연예인이 몽골에 거주하는 친척을 찾는 데에 석 달이나 걸렸다는 기사를 읽은 적이 있다. 언뜻 생각하기에는 대중교통을 이용하여 주소에 적힌 곳을 찾아가면 그만일 텐데, 왜 그렇게 오래 걸릴까 하는 의구심을 가진 적이 있다. 그러나 이상에서 언급한 전통적 이동 목축 생활과 계절에 따라 이동하는 몽골의 목축생태계를 알면 충분히 이러한

(그림 12) 몽골의 게르(좌)와 목축 활동(우)사진

현상을 이해할 수 있으며, 이런 차원에서 몽골 목축들민의 주소 무용론이 나올 법도 해 보인다.

황사의 발원지 지표 특성과 관련하여 제일 큰 문제는 몽골 유목 가축인 염소의 가파른 증가추세다. 양과 달리 염소는 목초의 풀뿌리까지 뜯어먹기 때문에 염소가 많아지면 초지가 쉽게 황폐해진다는 의미가 된다. 몽골 통계국은 2017년 말 현재 몽골의 가축 수가 6,620만 마리에 이르렀다고 발표했다(통계국, 몽골). 통계자료에 따르면 가축통계가 작성된 1918년 기준, 한 세기 동안 가축 수는 6.8배 증가하였다고 발표하였다. 그 중에서 양 45.5%, 염소 41.3%, 소 6.6%, 말 5.9%, 낙타 0.7%가 차지하였으며, 양과 염소가 총 86% 이상으로 절대적인 비중을 차지하였다. 이를 막기 위하여 몽골 정부는 전통적으로 양과 염소의 비율을 3 : 1 정도로 유지해 오도록 유도해 왔다. 즉 양+염소=4마리 중 3 마리는 양, 1 마리는 염소가 되도록 가축의 구성 비율을 의도적으로 맞춰 목초지를 보호했다. 그렇지만 시장경제 도입 후 이러한 전통적인 수량조절 체계가 무너지고 염소 두수 증가로 목초지 파괴가 급속하게 진행되고 있으며, 이는 초지의 사막화를 유발하여 황사 발원지가 넓어지고 있는 것이 문제가 된다. 유목민들이 4계절 거처를 옮기는 것은 초지를 교대로 활용하기 위한 것인데, 염소와 함께 가축 수가 늘어나면 초지의 사막화로 인한 생태계의 파괴로 이어질 수 있기에, 황사의 피해를 받는 우리나라도 몽골의 염소와 양의 통계와 나아가 황사 발원지 관리에 지속적인 관심을 가져야 하는 이유다.

학습 요약 정리 3

1. 황사와 미세먼지의 차이점으로는, 황사는 발원지가 미리 분류되어 있으며, 미세먼지는 인위적인 배출량에 의한 1+2차 오염물질로서, 입자의 직경이 일정 이하이면 (초)미세먼지가 된다.

2. 황사는 토양성분이 주성분이며, 미세먼지는 질산염, 황산염, 탄소류, 검댕, 광물 등으로 구성된다.

3. 황사가 우리나라 봄철에 많이 관측되는 이유는 발원지 상황과 수송 풍계가 맞아 떨어지기 때문이다. 봄철이 되면서 지표가 녹아, 황토 알갱이가 대기 중으로 치올라 갈 수 있으며, 발원지에서 서풍 혹은 북서 풍계에 의해 우리나라로 이동하기 쉬운 계절 또한 봄철이 된다.

4. 최근 황사 발원지 주변에서 염소와 양의 가축 수가 늘어나면서 초지의 사막화로 인하여 황사 발원지가 넓어지고 있으며, 황사 발원지 관리를 위한 지속적인 관심이 필요하다.

4

미세먼지의 이동 - 왜 하필 편서풍인가?

지구 자전과 대기대순환

한국, 중국, 일본은 편서풍대에 속한다. 그 이유를 이해하려면 대기대순환(general circulation)을 먼저 이해해야 한다. 대기대순환은 이동성 고저기압이나 해륙풍과 같은 종관규모[4] 혹은 중규모 대기 순환이 아니라, 전지구 규모(global scale)의 대기 순환을 말한다. 대기대순환의 원인은 태양 복사에너지의 적도-극지방 사이의 차등가열과 지구 자전으로 인해 생기는 전향력(Coriolis force)이라는 특수한 힘에 의해 발생한다. 지구로 입사되는 태양에너지는 적도에서는 열 과잉 현상이 나타나며, 극에서는 열 부족 현상이 나타난다. 이러한 열적 불균형을 해소하기 위해 대기는 더운 공기를 극으로, 찬 공기를 적도로 이동시킨다. 이러한 열적 균형을 찾는 과정에서 대기대순환은 발생한다.

대기대순환을 이해하기 위하여, 먼저 지구 자전이 없다고 가정하고 생길 수 있는 단세포 대기 순환을 이해해 보자. 지구가 자전하지 않는다면 대기의 순환은 적도에서는 강한 태양에너지로 인하여 공기가 따뜻해져서 상승(warm air rising)하고, 적도의 과도한 가열은 지상 저기압을 형성하게 된다. 반면 극에서는 과도냉각하여 찬 공기는 하강(cold air sinking)하면서 지상 고기압을 형성하여 적도의 저기압 쪽으로 남하하게 된다. 반면

---

4 대기과학에서의 대기 운동의 규모(scale)를 전지구 규모(global scale), 종관규모(synoptic scale), 중규모(meso scale), 미규모(micro scale)로 분류함.

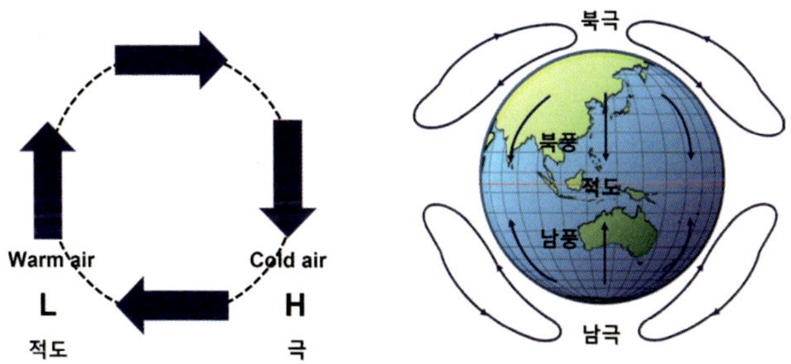

(그림 13) 지구 자전이 없는 경우 대기대순환 구조

적도의 상층에서의 더운 공기는 극지방의 비워 있는 질량을 메우기 위하여 극으로 이동한다. 결과적으로 적도 하층에서는 대기가 상승하고 극 상층에서는 대기가 하강하며, 적도 하층과 극 상층의 빈 공기를 메우기 위하여 (북반구의 경우) 하층에서는 북풍, 상층에서는 남풍이 지배하게 된다. (그림 13)과 같이 남반구와 북반구에서 각각 열에 의해 형성된 거대한 단세포 대류의 모습을 상상할 수 있다.

실제 대기에서는 단세포순환은 존재하지 않는다. 자전하는 지구 때문에 전향력이 발생하고, 이동하는 바람은 전향력을 받아서 휘게 되기 때문이다. 이 전향력의 영향으로 적도, 중위도, 극지방에서는 단세포순환과 전혀 다른 바람 패턴이 발생한다.

지구의 자전을 고려할 때 세 개의 회전 세포로 세분된다(그림 14). 적도의 과도한 열과 극지방의 열 부족은 단세포순환과 동일하다. 즉, 극에는 지상 고기압이, 그리고 적도에는 지상 저기압이 발생한다. 그러나 적도의 데워진 공기는 상승하여 상층에 도달한 후 북쪽으로 향하게 될 때 전향력이 작용(북반구에서는 진행 방향의 오른쪽으로 작용)하여 극으로 향하는 대기의 흐름을 오른쪽으로 이동시키면서 위도 30도 정도에서 수렴하기 시작한다. 결국, 위도 30도 부근의 수렴된 상층 공기는 서서히 침강하게 되어 지상 기압을 높이게 되며, 남북위도 30도에서 고압대(아열대고기

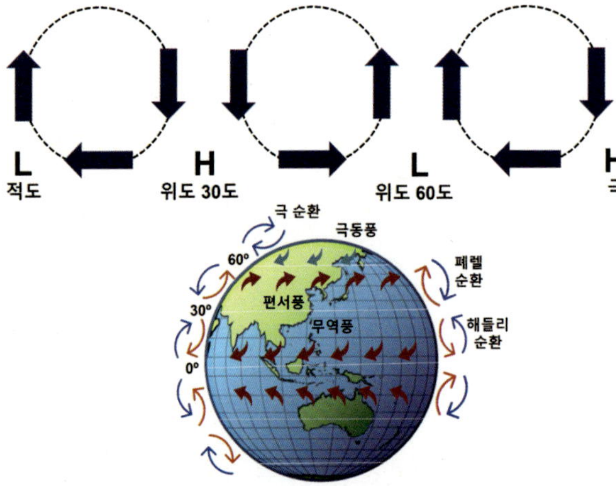

(그림 14) 지구 자전으로 인한 실제 대기대순환 구조

압)를 형성하게 된다. 고압대를 형성한 지상 공기는 남풍과 북풍으로 나뉘게 되며, 위도 30도에서 적도지방으로 되돌아가는 북풍계열의 바람은 또 다시 전향력 때문에 (북반구는 진행 방향의 오른쪽으로) 편향하면서 북동(무역풍)을 형성한다.

지구 자전에 따라 위도 30도 이내 해역에서는 바람 방향에 따라 신세계를 향한 범선들의 항로가 열리게 됐다고 하여 무역풍(trade wind)이라고도 한다. 적도 부근에서 북동무역풍은 열대지방에서 남반구의 남동무역풍과 수렴하게 된다. 이 수렴대에서 대기는 상승하여 대기 순환을 계속하게 되며, 이 논리는 단세포순환과 동일하므로 해들리 세포(Hardley Cell)라고 부른다.

한편 위도 30도에서 모든 지상 공기가 모두 적도 쪽으로 되돌아가는 것은 아니다. 일부 지상 바람은 극으로 향하고 다시 전향력을 받고 오른쪽인 동쪽으로 편향하게 되어 남동풍인 편서풍을 형성하게 된다. 위도 60도에 이르게 되면 지상 바람은 극에서 불어오는 바람과 수렴하여 상승하게 되며, 상승한 공기 일부는 상층에서 다시 저위도로 되돌아가서 아열대고기압 근처의 지표로 하강한다. 이 세포는 열적인 순환(warm air rising, cold air sinking)으로 발생하는 직접순환(direct circulation)과는 반대의 순환, 즉 간접순환(indirect circulation)으로 이해할 수 있다. 이 세포를 미국 기상학자 William Farrell의 이름을 따서 페럴세포(Farrell Cell)로 불린다.

극지방에서는 극에서 출발한 지표 찬 공기가 전향력에 의해 편향하여 북동쪽에서 이동하며, 따라서 이 지역의 순환을 극동풍(polar easterlies)이라 한다. 위도 60도 근처 상층에서는 일부 공기가 극으로 이동할 때 전향력을 받아 서풍계열의 바람을 일으키지만, 궁극적으로 극에 도달, 서서히 지상으로 내려앉아 극 세포(polar cell)를 완성하게 된다 (그림 15).

이상에서 살펴본 3세포 모델은 실제 지상의 바람 방향 및 기압분포와 비슷하고, 연중 변화가 없이 유지된다. 이렇게 대기대순환에 의해 위도 30도, 위도 60도에서 형성된 지상 고저기압은 약간의 변화밖에 보이지 않기 때문에 반영구 고·저기압[5]이라 한다. 동북아시아는 대기대순환 관점에서 위도 30~60도 사이의 편서풍대에 위치하며 (그림 14)에서처럼 서풍계열의 지상 풍향을 찾을 수 있다. 편서풍 지대는 결국, 지구 자전에 생겨난 것으로서, 지구의 자전 방향을 바꾸지 않는 이상 미세먼지의 이동은 중국→한국, 한국→일본으로 이동하는 운명을 가진다.

지구 자전과 전향력을 느껴보자

지구는 시계 반대 방향으로 하루에 한 바퀴씩 자전하므로, 계산기로 간단히 지구 자전 속도를 계산할 수 있다. 지구의 반지름은 적도 반지름

5 반영구 고저기압에는 북태평양고기압, 버뮤다고기압 알류샨저기압, 아이슬랜드 저기압 등 위도 30도와 60도에 존재한다.

6,378km와 극 반지름 6,357km를 평균하면 대략 6400km이다. 지구 둘레($2\pi R$)로부터 지구의 자전 속도는

$$2\times3.14\times6,400,000\div24\div3600\text{초}\fallingdotseq1666.7\text{km/h}$$

로서 경부고속도로의 최고속력인 100km/h와 견주어 볼 때 16배 이상 빠른 속도임을 알 수 있다. 이 속도로 달리고 있을 때, 만일 순간적으로 자전이 멈춘다고 가정하면, 지구는 관성으로 인해 시속 1,667 km/h의 속도로 내팽개쳐지며, 물건이든 사람이든 박살이 날 것이다. 자동차로 예를 들면, 경부고속도로 최고속력인 100km/h 의 16배로 과속하다가 급브레이크를 밟은 상황이거나 빙글빙글 도는 놀이기구를 갑자기 멈추면 사람이 튕겨나가는 상황과 비슷하다. 그러나 우리는 이러한 지구의 자전 속도를 일상생활에서 느끼지 못한다는 것을 경험적으로 잘 알고 있다.

지구자전 속도를 직선운동으로 느끼지 못하면, 실제 자전에 의한 지구의 회전력은 느낄 수 있는지 알아보자. 지구 자전으로 원운동을 할 때의 속도는 각속도(angular velocity)이다. 자전 360도를 24시간 동안 도는 각속도는 360도÷24시간÷3600초이면 약 초당 0.004도가 나온다. 즉, 우리는 1초에 0.004도를 회전하는 것이 된다. 10초면 0.04도 100초라고 해도 고작 0.4도에 불과하다. 즉 1초에 0.004도만 방향이 바뀌니깐 사람이 느끼기 굉장히 어려운 각도이며, 짧은 시간에 우리가 느끼기 힘든 수치이긴 하다. 어떤 학자는 지구의 자전주기는 100000년마다 대략 1초 늘어나며, 결과적으로 지구의 시간도 1초씩 짧아져서 하루는 100년에 0.002초씩 길어진다는 연구결과도 있고, 약 70억 년 뒤쯤이면 지구의 자전이 멈춘다는 학자도 있지만 이건 그냥 무시하자. 그때 쯤이면 지구는 어떤 생물도 살기 어려운 행성이 되어서 다 죽든지 다 떠나든지 둘 중 하나가 되어 있을 듯하다.

지구 자전으로 인해서 생기게 되는 힘을 전향력(Coriolis force)[6]이라 하며, 북반구의 경우 진행 방향의 오른쪽으로 작용하는 힘이라 하였으나, 기실 전향력은 매우 짧은 시간 동안에는 그 크기가 느껴지지 않는다. 예를 들면, 투수인 박찬호 선수나 류현진 선수가 던지는 공은 매우 짧은 시간(순식간)에 포수의 미트에 들어가기 때문에 전향력을 계산할 필요가 없으며, 사람이 느끼기에도 어려운 순간적인 작은 힘이다. 그러나 대륙을 횡단하거나 장시간을 빠른 속도로 움직이는 국제선 비행기 조종사의 경우 목적지를 향하는 데 있어서 전향력은 아주 중요한 힘으로 작용하며, 따라서 진행 방향의 오른쪽으로 작용하는 전향력을 고려하여 비행기를 운항하려면 목적지의 왼쪽으로 경로를 조정하여 비행하여야 효과적으로 목적지에 도달할 수 있다.

이와 마찬가지로, 적도에서 상승한 공기가 상층에서 북(중위도)쪽으로 장기간 여행할 경우, 이 공기는 진행 방향의 오른쪽으로 끊임없이 가해지는 전향력으로 인하여 (그림 15)와 같이 결국 위도 30도 이상의 지역을 넘지 못하며 (그림 14)와 같은 대기대순환 구조를 초래하게 된다.

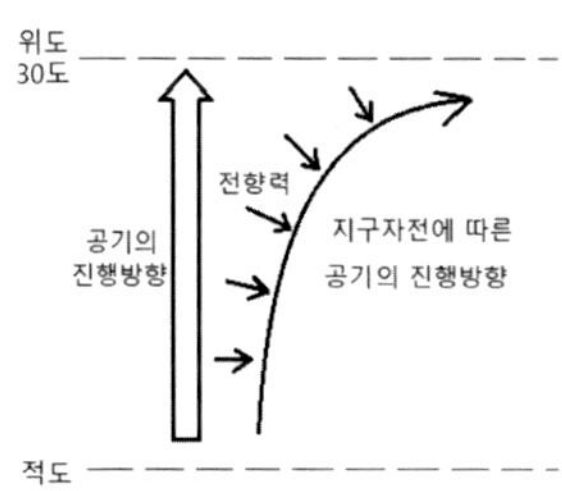

(그림 15) 전향력의 크기와 방향

6 전향력(Coriolis force)=$2\Omega \sin\phi$ x 이동속도이며, Ω 는 지구자전 각 속도, ϕ 는 위도를 나타낸다.

단군 할아버지-의문의 1패

미세먼지와 오존 등은 장거리로 수송되어 국경을 넘어가는 대기오염물질이라 하여 월경성 대기오염물질(transboundary air pollutants)이라고 한다. 이 용어는 미세먼지나 오존에 국한된 것은 아니지만 배출된 대기오염물질이 그 지역에 머물지 않고 다른 나라로 수송될 수 있다는 의미이다. 앞에서 소개한 4대 주요 대기오염물질 중에서 이산화질소나 아황산가스는 1차 대기오염물질로서 빠르게 대기 중의 화학반응에 참여하여 2차 대기오염물질로 전환되므로, 대기 중 체류 시간, 즉 수명이 길지 않다. 그러나 2차 생성된 질산염 혹은 황산염과 같은 미세먼지나 오존은 이미 만들어진 안정한 오염물질이므로, 제법 긴 수명을 유지한다. 결국, 안정화된 상태로 국경을 넘어 장거리로 이동할 가능성은 크다. 중국에서 황산화물이 생성되면 국경을 초월하여 한국이나 일본, 심지어는 미국 동부 상공까지 장거리로 이동한다는 보고가 있다. 동북아시아는 위도 30도에서 60도 사이에 있는 편서풍 권역이기 때문에 더욱 그럴 확률이 높다.

대기환경 측면에서 한·중·일은 호흡공동체로 불린다. 그만큼 대기오염물질의 월경성 문제가 국경을 초월한다는 의미이다. 오래전 고구려 광개토대왕 시절 영토 크기였다면 우리나라 미세먼지의 월경성 문제를 국내 차원에서 해결할 수 있었을 듯 하다. 당시의 지리적, 전략적 요충지로도 좋았고, 외세의 침략도 덜 했을 듯 하니 금상첨화일 것이다. 현재의 한반도는 부존 자원 등 열악한 항목들이 있으나, 온화한 기후 조건, 척박하지 않은 지리적 조건, 수자원, 경치 등을 생각하면 나쁘지는 않다고 생각된다. 다만 미세먼지의 월경성 차원에서는 편서풍 권역인 우리나라는 매우 불리할 수밖에 없다. 고배출 지역인 중국과, 북서쪽에 황사 발원지 고비 사막을 서쪽에 두고 있기 때문이다. 그렇다고 중위도에만 존재하는 편서풍을 탓할 수도 없고, 지구자전을 멈추거나 반대로 회전시킬 수도 없는 노릇이다.

지구를 반대로 돌려보자

태양은 동쪽에서 떠서 서쪽으로 이동한다. 지구 자전으로 편서풍 권역이 생겼고, 그 결과 미세먼지와 같은 월경성 오염물질의 장거리 이동 문제가 한·중·일 세 나라에서 자주 쟁점이 되었다. 지구가 자전하지 않는다면 국경을 넘나드는 대기오염물질의 월경성 문제는 지금처럼 쟁점이 크지는 않았을 것이다.

편서풍 발생은 매우 일방적이다. 지구 자전으로 인한 전향력 효과는 기상 패턴과 해류를 지배하고, 바람의 방향과 패턴을 유도하므로, 결국 바람 방향을 바꾸려면 지구의 자전 방향을 바꾸어야 한다는 실현 불가능한 이야기가 된다.

만약 지구가 현재와 반대로 회전한다고 상상해 보자. 어떻게 될까? 이러한 상상은 영국 BBC 기상 해설자 피터 깁스가 실시한 실험에서 이해할 수 있다. 지구 회전이 반대되면 전향력 효과와 북동무역풍이 서로 바뀌게 되고, 숲은 사막이, 사막은 숲이 있었을 것이라고 한다. 당연히 해가 서쪽에서 뜨고 동쪽으로 지게 되며, 자전 방향의 전환으로 인해 대기대순환의 방향도 (그림 16)처럼 바뀌게 될 것이다.

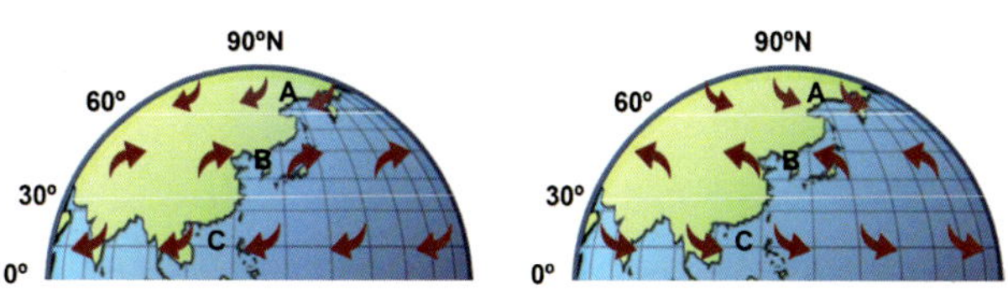

(그림 16) 정상적인 지구 자전에 의한 대기 순환 구조(좌)와 자전이 반대인 경우 대기순환(우)

우리나라의 지정학적 위치는 서쪽에 거대한 대륙(아시아)이 있고 동쪽에는 해양(태평양)이 존재한다. 현재 지구의 자전으로 우리나라는 편서풍 권역에 있으므로 서쪽의 대륙성 기후의 영향을 받고 있다(그림 16 좌측).

그러나 지구 자전 방향이 오랫동안 바뀌어 있었을 경우, 우리나라가 남동편동풍의 영향권에 놓이게 되고 태평양의 영향으로 해양성 기후가 지속되었을 것이다(그림 16 우측). 그 결과 지금보다 연교차나 일교차가 적어질 수밖에 없고, 편동풍 영향으로 봄철에 기승을 부리는 불청객 황사나 미세먼지의 월경성 문제로부터 단숨에 자유로울 수 있을 것이다. 우리나라 대기오염물질은 황해를 지나 중국 동쪽으로 이동하게 되므로 중국과 우리나라 사이의 미세먼지 공방은 현재와 매우 다른 양상을 보였을 것이다. 반면 일본과 우리나라의 미세먼지 문제가 TV나 언론에서 다뤄질 것이며, 한·중 미세먼지가 아닌 한·일 미세먼지 공동연구가 활발할 것이다. 또한 태풍의 회전 방향이 반대가 될 것이며, 해양성 기후로 바뀌면서 온화한 날씨가 연중 우리나라를 지배하였을 것이다. 결국, 우리나라는 지금보다 더 풍요로운 생활로 바뀌지 않을까 상상해 본다. 우리 일상은 지루한 듯 평범하게 흘러가는 것처럼 보이지만, 이렇게 지구 자전과 같은 섬세한 자연의 조화와 연관되어 있음을 느낄 수 있는 상상이다.

허락없이 국경을 넘나드는 미세먼지

한국, 중국, 일본은 극동 아시아 3국은 여러 면에서 다른 역사와 문화적 배경을 가진다. 축구, 야구, 탁구 등 좋아하는 스포츠도 한·중·일 3국이 매우 다르다. 중국은 탁구, 일본은 야구, 한국은 영토가 가장 작지만 가장 큰 축구공을 잘 다룬다는 점이 흥미롭다. 월경성 대기오염 문제를 다루는 방식과 대처 방안에도 한·중·일 3국의 차이는 상당해 보인다.

월경성 대기오염 문제는 일찍이 산업화를 경험한 유럽에서 주로 대두되었고, 많은 조약과 협약을 통해 이를 제지하기 위해 노력해 왔다. 예를 들어 1979년 체결된 장거리 월경 대기오염 조약(Convention on Long-range Transboundary Air Pollution), 일명 '빈 조약'은 국가를 넘어 광범위하게 영향을 주는 산성비[7]문제에 대응하기 위해 체결되었다. 이 조약을 바탕으로 산성비의 원인 물질인 황산화물 배출을 삭감하기 위한 헬싱키 의정서와 질소산화물을 삭감하기 위한 소피아 의정서가 맺어졌다.

동북아시아 지역에서도 1990년대 산성비 문제가 3국 간 쟁점이 되었고 최근의 미세먼지 문제로 그 공방이 옮겨간 상황이다. 전 세계적으로도 동북아시아의 대기환경 문제를 제일 뜨거운 쟁점으로 보는 듯하며, 그런 자원에서 한·중·일 3국이 국가 차원에서 지금도 저감 정책을 논의하고 있다. 시민사회 등 다양한 참여와 관심 뿐만아니라, 지속 가능한 동북아시아 대기환경을 유지하기 위한 다양하고 지속적인 노력이 필요해 보인다.

중국=2×한국, 한국=2×일본

한·중·일 국가 간 미세먼지 공방에서 가장 큰 문제는 중국의 2010년 중반까지 늘어난 석탄 사용으로 알려져 있다. 국제에너지기구에 따르면 당시 중국은 에너지의 70%를 석탄에서 얻고 있었으며, 세계적으로도 석탄 사용이 상대적으로 많은 국가이다. 단순하게 생각하면 중국이 석탄 사용을 자제하고 더 청정한 에너지원으로 대체한다면 지금의 환경문제는 충분히 풀 수 있을 것처럼 보이지만, 중국은 중국의 경제, 산업의 결과물을 전 세계가 공유하고 있다는 점을 강조한다. 실제, 중국산 소비재들은 전 세계로 팔려나가고 있으며 '메이드 인 차이나' 없이는 일상생활이 매우 불편하게 느끼는 정도의 수준까지 이르렀다. 이런 점에서 동북아시아 미세먼지의 문제는 어느 특정 국가 혹은 특정 지역의 문제라기보다는 전 세

---

7 산성비(acid rain)는 pH 5.6 이하의 비를 말하며, 주요 원인은 발전소와 차량에서 배출되는 오염물질이다. 유럽 스칸디나비아반도 → 미국·캐나다→한·중·일 동북아 3국으로 국제적 논쟁이 이어져 오고 있다.

계의 문제로 볼 수도 있을 듯하다.

한·중·일 삼국 중에서 공기 질이 가장 나쁜 나라는 중국이다. 그러나 대도시가 많아 전체 평균 수치가 얼마나 정확한지는 불확실하다. 이와 관련된 2019년 초 환경정책평가연구원의 '한·중·일 미세먼지 농도 분석' 연구결과를 내놓은 적이 있으며, 어느 일간지에서는 한·중·일의 미세먼지 공방을 '미세먼지 삼국지'라는 제목으로 기사화하면서, 한·중·일 3국 간 미세먼지 농도 수준과 기여율 문제를 다룬 적이 있다.[8] 당시 보고서에서는 한·중·일 3국의 미세먼지 평균 농도가 대략 중국은 한국의 두 배, 한국은 일본의 두 배 정도로 다뤄졌다.

한국의 서울, 중국의 베이징 등 7개 주요지역을, 그리고 일본에선 큐슈지역과 도쿄 지역을 비교해 본 결과, 2016년 기준 한국의 초미세먼지($PM_{2.5}$) 농도는 26㎍/㎥로 일본의 11.9㎍/㎥ 보다는 높았다. 중국은 74개 주요 도시 평균 농도가 50㎍/㎥이었고, 한국에 영향을 미치는 것으로 알려진 중국의 징진지(베이징·톈진·허베이)지역에서는 71㎍/㎥로 훨씬 높

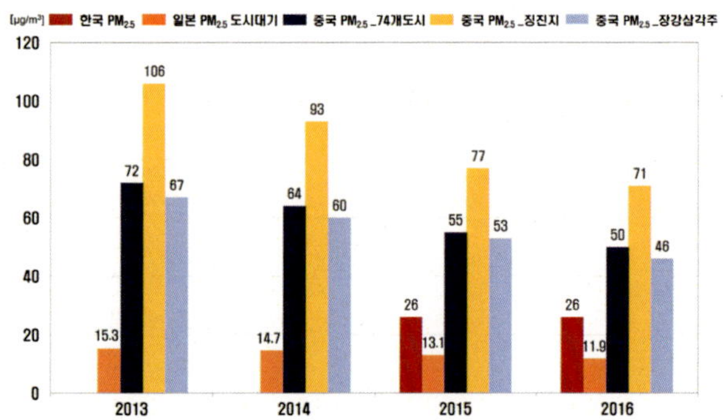

(그림 17) 2013~2016년 한·중·일 $PM_{2.5}$ 연평균 농도 변화 추이

*자료: 한국환경정책·평가연구원

8 원문보기: http://news.khan.co.kr/kh_news/khan_art_view.html?art_id=201902171540001#csidx5bfdf030008572c8632df3fe601fed6

게 나타났다(그림 17).

한·중·일 3국의 미세먼지 농도의 장기 변화 추세는 PM_{10}에서 확인할 수 있다(그림 18). $PM_{2.5}$는 우리나라에서도 최근에 와서야 측정되기 시작하였기 때문에 장기적인 미세먼지 변동 추세를 파악하기는 아직 이르다. (그림 18)을 보면 미세먼지(PM_{10})는 삼국 모두 감소추세였으며, 중국의 약진이 두드러졌다. 한국은 1998년 55㎍/㎥에서 2016년 47㎍/㎥로 감소하는 데 그쳤지만, 일본은 1998년 32㎍/㎥에서 2016년 17㎍/㎥로 절반을 줄었다. 중국은 2013년부터 해마다 10㎍/㎥ 안팎씩 급격히 개선되고 있지만, 한국과 일본보다는 높은 수준이다. 2016년 기준 연평균 PM_{10} 농도가 여기서도 중국은 한국의 두 배, 한국은 일본의 두 배 정도로 3국 간 대략 절반씩 나타났다는 것은 흥미롭다.

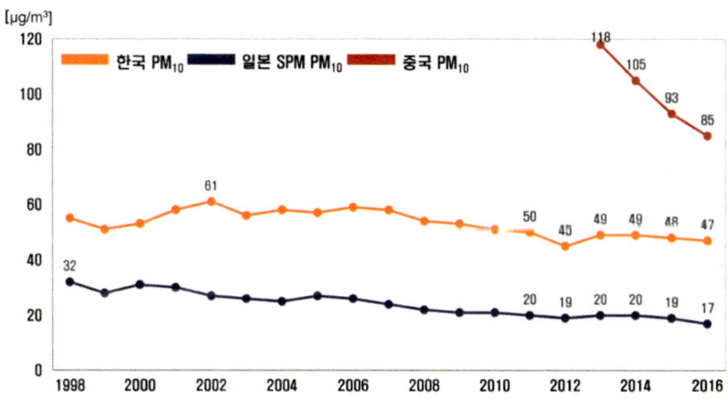

(그림 18) 1998~2016년 한·중·일 PM_{10}의 연평균 농도 변화 추이

*자료: 한국 환경정책·평가연구원

월평균 농도 경향 또한 다양하다. 서울은 2013~2017년 PM_{10} 월평균 농도의 평균값이 45.83㎍/㎥, 표준편차는 13.34㎍/㎥로 나타나 월별 차이가 심한 것으로 나타났다. 겨울·봄철인 12~5월에 농도가 높고, 3월에 정점인 것으로 분석됐다. 중국 7개 도시의 같은 기간 PM_{10} 평균값은 100㎍/㎥을 훌쩍 넘겼으며, 난방이 시작되는 10월부터 이듬해 5월까지 미세먼지 농도

가 높은 것으로 나타났고, 특히 12~1월의 오염도가 극심했다. 반면 일본의 큐슈지역은 같은 기간 PM_{10} 평균값이 19.16㎍/㎥, 표준편차는 4.97㎍/㎥로 연중 대체로 고르게 나타났다.

한국과 중국의 미세먼지 농도의 상관관계 또한 흥미롭다. 2014~2017년 서울과 중국 도시들의 PM_{10} 일평균 농도의 상관계수는 0.5 정도로 높다. 상관계수는 1에 가까울수록 연관성이 높다고 0에 가까우면 상관성이 낮다는 의미이다. 그러나 월경성 대기오염 현상으로 고농도가 관측되는 시기에는 0.6~0.7으로 높게 나타난다. 그만큼 대기오염물질의 국가 간 이동의 영향은 상당하다는 의미로 해석할 수 있는 이유이다.

한·중·일 미세먼지 삼국지

한·중·일 3 국가 간 미세먼지가 상호 간 미세먼지 영향, 즉 국가 간 기여도에 대한 연구결과는 최근까지 보고되지 않았다. 이는 대기오염물질과 현황에 대한 국가 간 정보를 정확하게 공유하지 못하고 있었기 때문으로 볼 수 있다. 또한, 한·중·일 3국 간 기여도 계산은 그 방법에 따라, 기간에 따라 다르게 계산될 수 있으며, 기상 특성과 매일 매일의 상층 기상 패턴에 따라 차이가 날 수 있다. 이 때문에 어느 국가가 인접 국가에 얼마나 영향을 주는지에 대한 명확한 계산 결과를 내기는 어렵다. 예를 들어 겨울철의 경우 고농도 미세먼지가 중국 등 국외 영향이 80%에 달할 때가 있는가 하면, 여름철의 경우 매우 낮아서 20% 이하로 계산되기도 하기 때문이다. 때로는 $PM_{2.5}$는 국외 미세먼지가 국내에서 배출된 전구물질과 결합하는 '2차 생성' 미세먼지의 경우 그 처리하는 방법[9]도 조금씩 다르다.

2019년 환경부 국립환경과학원은 '동북아 장거리 이동 대기오염물질 조사와 대책 마련을 위한 국제공동연구(LTP[10])' 요약 보고서를 통해 한·

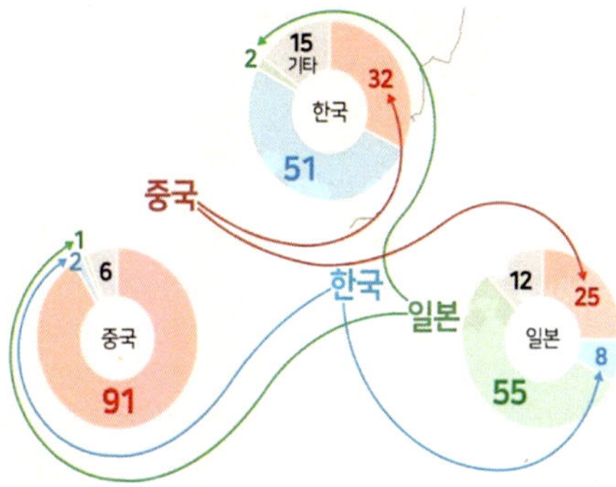

(그림 19) 2017년 한·중·일 연평균 PM2.5 발생 기여도[11]
*자료: 국립환경과학원, 그림: 한국일보

중·일 3국 정부 합의하에 3 국가 간 초미세먼지 연평균 기여도를 공개했다. 한·중·일 과학자들은 1990년 후반부터 LTP를 통해 대기환경 협력 연구를 계속해 왔으며, 3국 정부 합의하에 초미세먼지(PM2.5)의 국가 간 기여율이 2019년 발표되었다(그림 19).

(그림 19)에 의하면 2017년 기준, 자체 기여율은 한국이 연평균 51%, 일본 55%, 중국이 91%로 나타났다. 한국과 일본이 경우 PM2.5의 절반 정도가 국내 요인으로 발생했다는 뜻이며 중국의 PM2.5 자체 기여도는 91%로 대부분이 국내 요인으로 발생한 것이 된다. 또한, 국가간 기여도로서, 중국이 한국 3개 도시에 미치는 영향은 연평균 32%, 중국이 일본 3개 도시에 미치는 기여도는 연평균 25%였다. 일본과 중국 이외에도 북한의 대기오염물질이 우리나라에 영향을 줄 수 있다. 북한은 대기오염 배출량 자체는 많지 않지만 향후 경제개방에 따른 배출량 증가가 예상된다.

---

9 기여도 계산 방법은 BFM(Brute Force Method), Source tagging method 등 다양한 방법이 있다.

10 LTP: Long-range Transboundary Air Pollutants in Northeast Asia의 약어이다.

11 한국 3개(서울, 대전, 부산), 중국 6개(베이징, 텐진, 상하이, 칭다오, 선양, 다롄), 일본 3개(도쿄, 오사카, 후쿠오카) 도시의 2017년 연평균 미세먼지에 대한 각국 배출원의 영향 정도를 나타낸 결과이다.

한·중·일 3국은 미세먼지 등 대기오염에 대해서는 국가 간 정책 대화 창구 또는 국제공동연구 협의체 등을 지속해서 추구하고 있으며, 이것으로 볼 때 동북아시아 대기오염 동일운명체라는 공감대는 상존하는 것으로 보인다. 참고로 동북아시아 3국을 중심으로 한 국제공동 협력 연구의 주요 역사를 아래에 요약하였다.

① 한·중·일 협력

1995년부터 한국 주도로 동북아 대기오염 장거리 이동에 관한 공동연구사업인 LTP가 지속되어 왔다. 대기오염물질의 3국 간 상호영향 연구결과를 도출하였고, 초미세먼지에 대한 공동 관측과 대기질 영향분석을 수행하고 있다.

② 한·중 협력

2014년 한·중 정상회의에서 환경협력 양해각서 체결 이후, 2015년부터 한국의 서울 등 3개 도시와 중국의 베이징 등 35개 도시의 실시간 대기질 관측자료를 공유하고 있다.

③ 중국, 일본, 한국, 러시아, 몽골, 그리고 북한

UN의 동북아환경협력계획(NEASPEC[12]) 주관하에, 한국, 북한, 일본, 중국, 러시아, 몽골 6개국이 2019년 동북아청정대기파트너십(NEACAP[13])을 설립하였다. NEACAP을 통해 동북아 6개 회원국 간 대기오염 공동대응 협력체를 구축하여 월경성 대기오염 문제를 규명하고자 설립하였다.

---

12 NEASPEC: North-East Asian Subregional Programme for Environmental Cooperation

13 NEACAP: North-East Asia Clean Air Partnership

④한국, 미국 NASA와 협력 연구, KORUS-AQ[14]

한·중·일 3국 외에도 국립환경과학원과 미국 항공우주국 (NASA)은 2016년 한국의 대기질에 대한 현장 조사를 수행하기 위해, 다수의 측정 및 모델링 전문가를 초청하여 '한-미 협력 국내 대기질 공동 조사연구 (KORUS-AQ)'를 위한 대규모 연구단을 구성하고 2016년 현장관측을 수행하였다. KORUS-AQ 캠페인을 통해 대규모 항공기 관측을 기반으로 우리나라 대기질 악화에 원인과 영향을 규명하였으며, 앞으로도 후속 캠페인을 계획하고 있다.

14 KORUS-AQ: Korea-United States Air quality

학습 요약 정리 4

1. 우리나라를 포함한 위도 30도~60도 중위도 권역은 지구 자전으로 인하여 생겨난 편서풍 권역이다.

2. 지구 자전으로 생기는 전향력(Coriolis force)으로 인하여 적도의 공기가 위도 30도 이상을 넘지 못하며, 그 결과 위도 30도~60도 권역에서 생기는 간접순환인 페럴세포(Farrell Cell)에 의해 편서풍이 유도되었다. 편서풍은 한·중·일 3국을 포함한 동북아시아 지역의 미세먼지와 같은 국경성 대기오염물질의 이동에 영향을 미친다.

3. 한·중·일 3국의 미세먼지 농도는 최근으로 올수록 감소하는 추세이며. 평균 농도가 중국은 한국의 두 배, 한국은 일본의 두 배 정도로 측정되고 있다.

4. 월경성 대기오염 현상이 나타나는 미세먼지 고농도 시기에는 중국 고배출 지역과 우리나라의 미세먼지 농도 상관계수가 0.6~0.7 등으로 상당히 높으며, 그만큼 동북아시아에서의 대기오염물질의 국가 간 이동의 영향은 상당하다는 의미이다.

5. 한·중·일 3국의 동북아 장거리 이동 대기오염물질 보고서에 따르면, 2017년 기준, 자체 기여도는 한국이 연평균 51%, 일본 55%, 중국이 91% 정도이며, 중국이 우리나라 3개 도시에 미치는 영향은 연평균 32%, 중국이 일본 3개 도시에 미치는 기여도는 연평균 25%였다.

6. 한·중·일 3국은 미세먼지 등 월경성 대기오염에 대해서는 국가 간 국제공동 연구 및 협의체 등을 지속해서 추구하고 있으며, LTP(Long-range Trans-boundary Air Pollutants in Northeast Asia)와 같은 한·중·일 협력사업, 중국, 일본, 한국, 러시아, 몽골, 북한 6개국이 주도하는 UN의 동북아환경협력계획(NEASPEC)주관, 동북아청정대기파트너십(NEACAP)사업, 한국과 미국 NASA와 항공기 협력 조사 사업인 KORUS-AQ 캠페인 사업 등이 있으며, 이러한 국가 공동연구 혹은 협력사업은 우리나라 대기질 악화 원인과 개선 방법을 추구하고 있다.

5

인공강우 - 하늘의 뜬구름을 잡아보자

기체, 액체, 고체로 구분하자

지구상의 물은 우리 생활권의 정상 온도와 기압에서 기체, 액체, 고체 3가지 상(state)으로 모두 존재할 수 있는 유일한 물질이다. 대기 중에 존재하는 물의 3가지 형태는 수증기(기체), 구름방울·운적·강수·빗방울·수적(액체), 얼음·빙정(고체)으로 다양하게 공존하며, 구름·안개·이슬 등, 같은 액체상태라 할지라도 고도에 따라 그 명칭이 다르며, 또한 날씨와 연관된 명칭 또한 매우 다양하다.

지구상의 물은 대기와 해양의 순환을 통하여 일정한 양을 유지해 오고 있으며, 수증기(기체)가 응결하여 구름이 형성되면 운적(액체) 혹은 수적(액체)으로 불린다. 기체상태인 수증기는 눈에 보이지 않으나, 구름방울이나 빙정 등과 같은 보다 큰 액체 또는 고체 입자로 변할 때 비로소 보이기 시작한다. 수증기가 구름으로 변하는 과정(기체→액체)을 응결(condensation), 구름이 수증기로 변하는 과정(액체→기체)을 증발(evaporation)이라 하며, 증발은 구름에서 다시 수증기로 되돌아오는 과정이다.

응결에 의한 구름 형성 과정은 수증기의 포화(saturation) 과정으로 이해할 수 있다. 포화의 개념은 간단히 (그림 20)과 같이 일정 용기에 소량의 물을 넣어 밀폐한 후, 일정한 온도로 유지하면서 수증기 상태를 살펴보는 실험으로 이해할 수 있다.

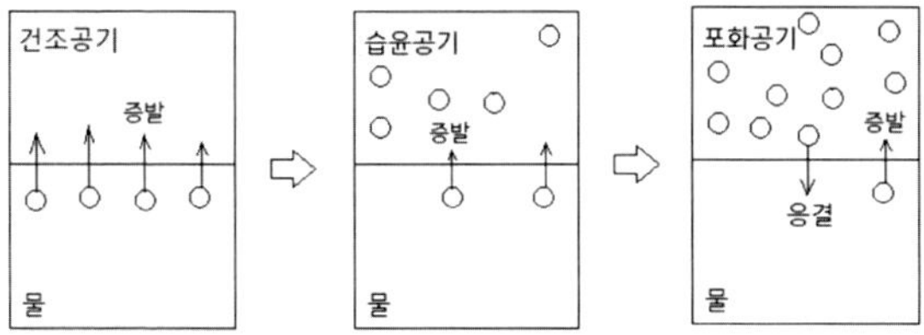

(그림 20) 밀폐된 용기에서의 물의 증발과 포화과정

(그림 20)에서, 용기 속의 공기 속에는 처음에 수증기 분자가 전혀 없었다면 수면에서 증발이 일어나게 되지만, 이때는 공기가 불포화된 상태이다. 계속되는 증발로 수증기 분자의 수가 밀폐된 대기에서 증가하게 되는데, 이때 수증기 분자가 누르는 압력을 수증기압(vapor pressure)이라고 한다. 동시에 수면에 충돌하는 수증기 분자수도 점차 증가하면 수면에서 나가는 분자 수와 수면으로 들어오는 분자 수가 같은 상태에 도달하게 된다. 이때 물(액체)과 수증기(기체)는 응결량=증발량이 되어 평형상태가 되며, 이 상태를 공기가 수증기로 '포화(saturation)되었다'라고 하며, 이때의 수증기압이 포화수증기압(saturation vapor pressure)이 된다. 기온이 높을수록 포화 수증기압, 즉 포화상태의 대기 중의 수증기 함량은 높아진다는 사실은 잘 알려져 있다(그림 21).

첫 장에서 소개하였듯이, 대기의 조성은 질소(78%)와 산소(21%)가 대부분이며 수증기(water vapor)는 대기 중 최대 4%까지 차지할 수 있는 변량기체로 소개하였다. 수증기 함량은 열대지역이냐, 극지방이냐에 따라, 해양이냐 대륙이냐에 따라 다르다는 의미이다. 기온-포화수증기압 관계는 더운 적도에서는 수증기가 대기 중 최고 4%에 이르나 추운 극에서는 수증기가 1% 미만인 사실을 잘 설명한다. 즉, 기온이 낮은 극에서는 포화수증기압이 낮아서 소량의 수증기로도 금방 포화하여 구름·강수(액체)로 전환되므로 그만큼 수증기(기체) 상태로 유지하기 어렵지만, 적도에서는 기온(포화수증기압)이 높아서 구름·강수로 전환되지 않고 더 많은 수

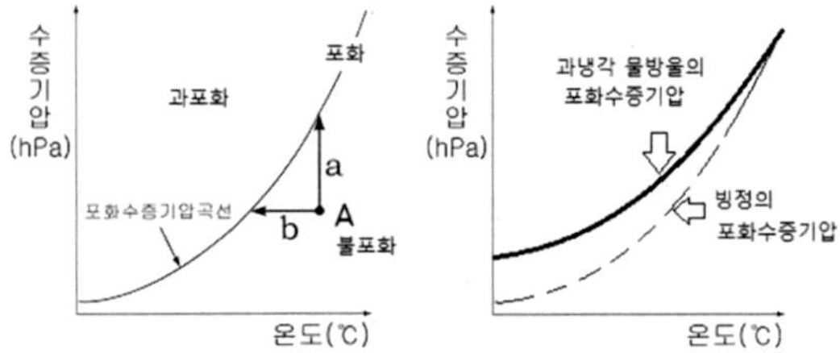

(그림 21) 물과 빙정 표면에서의 기온에 따른 포화수증기압 곡선

증기 함량을 유지할 수 있다.

기온-포화수증기압 곡선에 근거하여 불포화된 대기가 포화에 이르는 방법에는 두 가지가 있다 (그림 21). 첫째는 일정한 기온을 유지하되 공기 중에 수증기를 직접 공급하여 포화에 이르게 하는 방법(그림 21의 A→a 경로)이 있고, 둘째는 수증기량을 일정하게 하되 기온을 낮추어 노점 온도(dew point temperature)에 이르게 하는 방법이다(그림 21의 A→b경로). 일반적으로 대기는 상승운동을 하면 열역학적으로 단열팽창(adiabatic expansion)[15]하여 기온이 하강하게 된다. 실제 대기에서는 대기의 상승운동을 하게 되면 단열팽창→기온 하강→포화수증기량 감소→응결의 경로(그림의 A→b경로)를 통해 구름 생성으로 이어진다. 따라서 구름 형성에 있어서 기온의 하강을 일으킬 수 있는 상승기류의 존재가 무엇보다 중요하다.

---

15 단열팽창(adiabatic process)이란 외부와 열의 출입이 없이 공기의 부피가 팽창하면 기체 분자들의 활동이 증가하면서 자신이 가지고 있던 열에너지를 운동에너지로 쓰게 되어 자신의 기온이 내려가게 되는 이론을 설명하는 용어이며. 열역학 제 1 법칙에서 유래하였다.

운적, 수적, 빙정 그리고 구름 응결핵

구름이 생기기 위해서는 먼저 대기 중의 수증기가 포화되어야 하지만, 순수한 수증기는 기온이 하강하여 상대습도 100%에 도달하여도 잘 응결되지 않는다. 따라서 응결과정을 무리 없이 진행하기 위한 또 하나의 조건이 필요한데, 그것이 바로 구름 응결핵(Cloud Condensation Nuclei, CCN)의 존재이다. CCN이 수증기를 흡착하여 쉽게 구름방울이 되도록 유도하기 때문이다. 만약 CCN이 존재하지 않으면 대기가 포화상태일지라도 응결이 일어나지 않으며, 과포화(super saturation) 상태가 된다. CCN이 없는 순수한 공기라면 상대습도가 100% 이상, 심지어는 400%까지 증가하여야 응결이 일어난다. 대기 중 CCN의 역할을 하는 물질은 먼지, 해염, 황산 및 초산, 매연 등의 흡습성 물질이며, 오염물질로 알려진 가정 및 공장의 굴뚝에서 나오는 연기, 화산재 등의 입자상 물질과, 바다에서 부유된 해염 또한 CCN으로 작용할 수 있다.

대기의 기온이 매우 낮은 경우, 액체상태인 구름방울(운적)은 얼어서 빙정이 된다. 이때 수적이 생기기 위해서 CCN이 필요한 것과 같은 원리로, 수적이 빙정이 형성되기 위해서는 빙정핵(Ice Nuclei, IN)이 필요하다. 마찬가지로 IN이 없으면 영하의 온도에서도 수적으로 존재하며, 이를 과냉각수적이라 한다. 실제로 구름을 구성하고 있는 운적은 0～-25℃에서는 대부분 과냉각 수적으로 알려져 있고, −40℃ 이하에서는 수적 상태로는 존재하지 않고 모두 빙정이 된다고 알려져 있다.

강수발달 이론-법칙이 아니고 가설

구름과 강수는 상태가 같은 액상이지만 구름방울(운적)이 빗방울(우적)

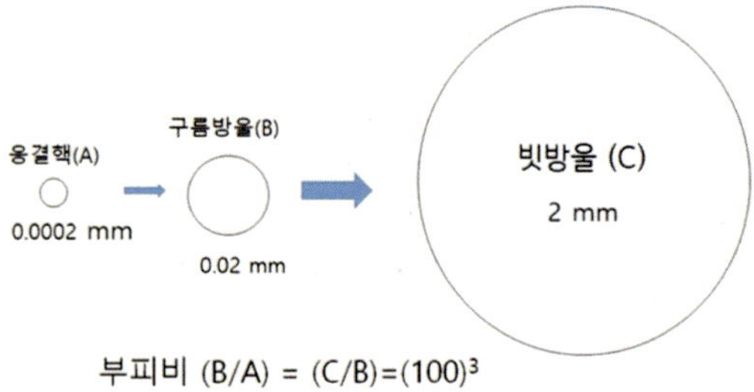

(그림 22) 구름과 강수 발달과정별 입자의 크기(직경) 비교

로 발달해 가는 과정은 아직도 불확실하다고 할 수 있다. 실험실에서 구름방울이 빗방울로 이어지는 과정은 아직도 완벽하게 재현할 수는 없으며, 따라서 그 전환과정에 관한 이론적 설명 또한 상황에 따라 제한적일 수밖에 없다.

(그림 22)는 응결핵, 구름방울, 빗방울의 상대적 크기를 나타낸 그림이다. 그림 상으로만 보면 빗방울(평균 지름이 2mm)의 크기는 구름방울(평균 지름이 0.02 mm)의 100배 크기이다.

만약 증가되는 물의 양을 부피 비로 계산하게 되면 응결핵→구름방울 과정보다 구름방울 → 빗방울의 부피 증가는 세제곱 차이, 즉 $(100)^3$의 차이로 증폭한다. 일반적으로 응결핵을 중심으로 수증기가 외부의 환경적 제한 요인이 없이 구름방울 → 빗방울로 성장하는 요건을 잘 갖춘 실험실 환경에서는 스스로 흡착하여 구름방울 → 빗방울로 성장하기에는 그 성장속도가 비 이상적으로 느려서, 수 일 ~ 수십 일이 걸린다고 알려져 있다. 그러나 실제 대기에서의 구름방울 → 빗방울로 성장하는 데에는 1시간도 채 못 되어 굵은 빗줄기가 내리기 시작하는 현상이 자주 관측되고 있다.

연구결과에 따르면 응결핵 → 구름방울은 실험실에서 재현될 수는 있으나 구름방울 → 빗방울로 급격하게 성장하는 과정은 아직도 한계가 있다고 알려져 있다. 구름방울은 바람 또는 주변 기온 등의 기상요건으로 구름은 쉽게 흩어질 수 있으므로 단순히 응결과정만으로는 부족하다는 것이다. 따라서 구름방울 → 빗방울로의 전환이 시급하게 진행되려면 여러 가지 조건이 필요하게 된다. 이러한 조건을 구현하는 과정, 즉 수증기가 빙정에 흡착되거나, 혹은 수증기 응결 후 구름방울의 충돌 병합과정 등이 빗방울을 생성하는 데에 가장 중요한 선결 조건이어야 함에는 이견이 없다. 그런데도 구름방울이 굵어지고 무거워져 빗방울로 전환하여 강수를 일으키는 과정에는 우리가 아직도 잘 몰라서 밝혀야 할 추가적인 어떤 과정이 분명히 더 있을 것으로 추측하는 것이다.

결론적으로 구름방울 → 빗방울이 되는 이슈는 실제 대기에서의 관측 시간(수 시간 이내) 대비, 실험실에서 재현되는 시간(수십 일)과의 시간 간격을 좁히는 시간의 문제와, 구름방울이 빠른 시간 내에 $(100)^3$배 부피의 빗방울로 굵어져야 하는 크기의 문제로 요약되며(그림 22), 이러한 시간과 크기(부피)의 문제를 과학적으로 설명하는 과정에서 강수 이론이 발전되어 왔다. 그렇다면 어떤 방법으로 구름방울이 빨리 굵어질 수 있는 지 구체적으로 알아보자. 일반적으로 여러 강수발달 이론 중에서 두 가지 이론, 즉 충돌병합설과 빙정설이 이상에서 언급한 시간과 크기의 문제를 현재까지는 가장 적절히 설명하고 있는 것으로 알려져 있다.

자유낙하와 종말속도

충돌병합설을 이해하려면 종말속도(terminal velocity)를 이해할 필요가 있다. 종말속도는 종속도라고도 불리며, 마지막(최종) 속도라는 의미가 있다. 다음의 자유낙하 질문에서 출발하여 개념을 잡아보자. 가벼운 납공과 무거운 볼링공을 높은 고도, 예를 들어 (그림 23)에서처럼 대류권 꼭대기(지상 약 12km) 높이에서 동시에 자유 낙하시키면 진공이 아닌 실제 대기에서는 어느 공이 먼저 떨어질까?

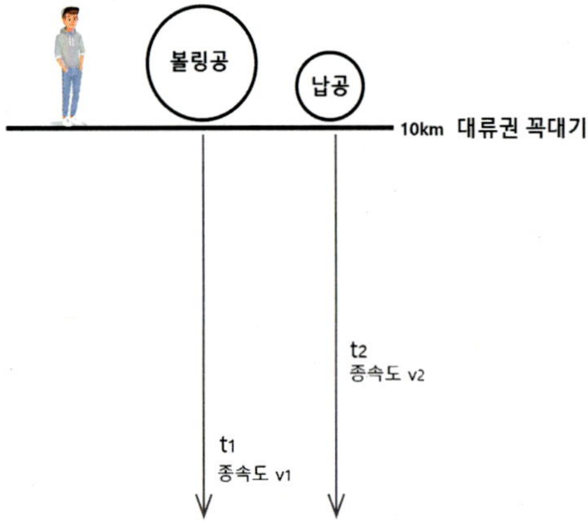

(그림 23) 실제 대기에서의 질량이 다른 두 물체의 자유낙하와 종말속도

문제에서 하나의 전제 조건, 즉 진공이라는 조건을 달면 갈릴레이의 결론처럼 "동시에 떨어진다"가 정답이다. 근대과학의 아버지라 일컬어지는 갈릴레오 갈릴레이의 업적은 매우 많으나, 빼놓을 수 없는 것이, "가벼운 물체나 무거운 물체나 같은 속도로 낙하한다"는 사실을 밝혔다는 것인데, 기존의 아리스토텔레스의 "무거운 물체가 먼저 떨어진다"는 이론을 깨고, 근대적 역학법칙의 기초를 세운 바 있다. 그러나 많은 사람은 갈릴레이는 그 유명한 피사의 사탑에서 두 공의 낙하를 실제로 실험하여, 이것을 증명한 것으로 알고 있으나, 피사의 사탑은 갈릴레이가 생존했던 시대에 이미 기울어져 있었다고 하니 잘못 알려진 사실임은 분명해 보인다. 갈릴레이의 실험에서의 가정은 공기 마찰력을 무시하자는 것이었으니 실제 대기에서 아주 정밀한 실험을 수행하였더라면 색다른 결론을 도출하였을 것이다. 그런데도 당시 공기 마찰력이 없다는 대 전제 하에서의 갈릴레이의 결론은 매우 획기적이었다고 할 수 있겠다.

그렇다면 마찰력이 존재하는 실제 대기에서 갈릴레이와 같은 실험을 해 보고 (그림 23)의 질문에 답해 보자. 정답은 무거운 볼링공이 먼저 떨어진다는 사실이다. 그것도 근소한 차이가 아닌 매우 큰 시차로, 등가속 운동이 아닌 등속 운동으로, 두 물체가 각각 다르게 낙하하는 것으로 결론이 난다. 그 이유가 바로 종말속도 차이 때문이다. 그 원리를 살펴보자. (그림 24)에서 처럼 질량이 큰 볼링공 (질량 M)과 질량이 작은 납공 (질량 m)을 같은 높이에 준비해 두었다고 하자. 이때 마찰력의 크기를 계산해야 하는데, 일반적으로 마찰력은 낙하 속도에 비례하고 낙하 진행 반대 방향으로 매개변수화(parameterization)한다.

먼저 볼링공의 자유낙하 운동을 생각해 보자. 볼링공이 자유낙하를 시작하면 두 초기에는 등가속 운동을 하게 되고 점차 볼링공의 낙하 속도는 가속된다. 반면 속도가 증가하면 마찰력의 크기도 비례하여 증가하게 되는데, 증가 속도에 따라 마찰력의 크기도 증가하게 되어 결국에는 볼링공의 중력(Mg)과 맞먹게 된다. 이때 중력의 효과는 마찰력과 상쇄되어 더 이상의 등가속 운동을 할 수 없게 되며, 이후부터 지면에 도달할 때까지

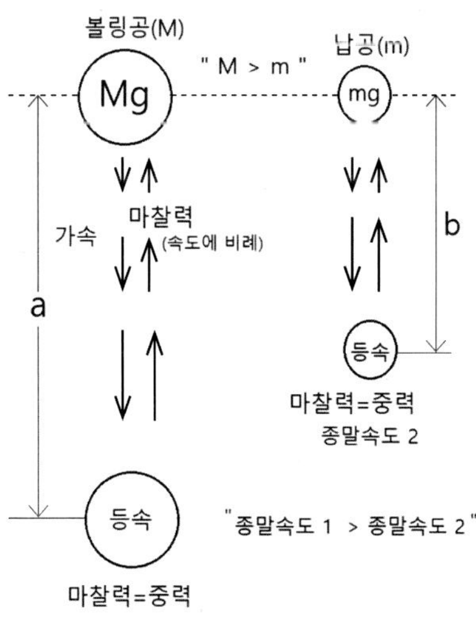

(그림 24) 실제 대기에서의 질량이 다른 두 물체의 역학관계와 종(말)속도 차이

등속 운동을 계속하게 된다. 이때의 속도를 종말속도(terminal velocity)라고 부른다.

납공 또한 같은 과정을 겪지만, 중력(mg)이 작으므로 마찰력이 더 빠르게 중력과 같아지게 되며, 결국 가속화되는 시간이 짧아서 납공의 종말속도는 질량이 큰 볼링공보다 적을 수밖에 없다. 이와 같은 각기 다른 크기의 운적의 종말속도에 기반하여 충돌병합설이 정립되었다.

병합설과 빙정설

현재 가장 합리적인 학설로 인정되는 두 강수 이론이 병합설과 빙정설이다. 두 이론을 자세히 알아보자.

병합설은 충돌병합설이라고도 하며, 기온이 높은 온난한 구름에 적용된다. 구름 속에서 큰 물방울은 (밀도가 동일하다는 가정하에) 질량과 종말속도가 작은 물방울보다 크다는 사실에 기반하여 정립되었다. 따라서 구름 속 다른 크기로 존재하는 운적들이 각기 다른 종말속도로 하강할 때 구름방울 간의 충돌이 반복되어 빗방울로 성장한다는 이론이다. (그림 25)에 나타낸 것처럼, 수많은 구름방울들은 구름 내의 하강 운동 때문에 낙하할 때 공기는 이를 방해하려 하며, 이때, 서로 다른 공기의 저항력으로 인하여 각기 다양한 종말속도에 도달하면서 하강한다. 종말속도가 빠른 물방울들은 매초 당 구름방울에 부딪히는 횟수가 더 많아져서 더 크게 성장한다.

보통의 운적의 크기는 반경 10㎛ (직경 20㎛, 혹은 0.02 mm)로서 1mm의 운적으로 성장하려면 100만 개의 운적이 합쳐져야만 한다. 주변의 크고 작은 구름 방울들이 하강하면서 질량이 각기 다른 구름 방울들은 다양한 종말속도에 도달하게 되며, 큰 물방울이 작은 물방울보다 더 빠른 속도로 하강하면서 상대적으로 작은 구름 방울들을 추월하기도 하고 이

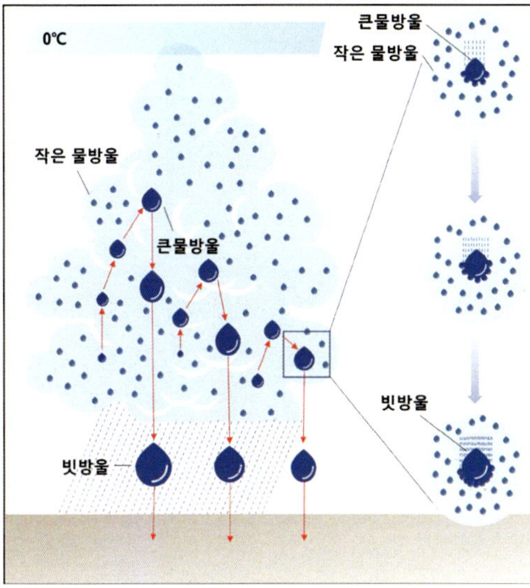

(그림 25) 구름방울의 빗방울 성장 과정 (충돌병합설)

들과 충돌하기도 한다.

이렇게 충돌을 통해 구름방울이 합쳐지는 것을 병합(coalescence)이라고 한다. 병합에 따른 구름방울의 성장 속도는 반경 0.1㎛의 응결핵에서 출발하여 반경 10㎛ 정도의 운적이 되는 데는 대략 1초, 반경 100㎛의 큰 운적이 되는 데는 약 2~3분이 소요된다. 운적이 성장한다면 반경 1,000㎛(1mm)의 빗방울(우적)이 되는 데는 약 3시간, 그리고 3mm의 큰 우적이 되는 데에는 약 24시간이 소요된다.

충돌병합 이론에서 빗방울을 형성하기에 충분한 수많은 충돌을 일으키기 위해서는 처음부터 일부 구름 방울들이 다른 것보다 크기가 더 커야 병합에 유리하다. 상대적으로 큰 방울들은 소금 입자 같은 상대적으로 큰 응결핵 위에 형성되거나 여러 방울들끼리 임의 충돌이 먼저 진행된 경우는 병합과정의 좋은 예이다. 최근의 연구에 의하면 구름과 보다 건조한 주위 공기

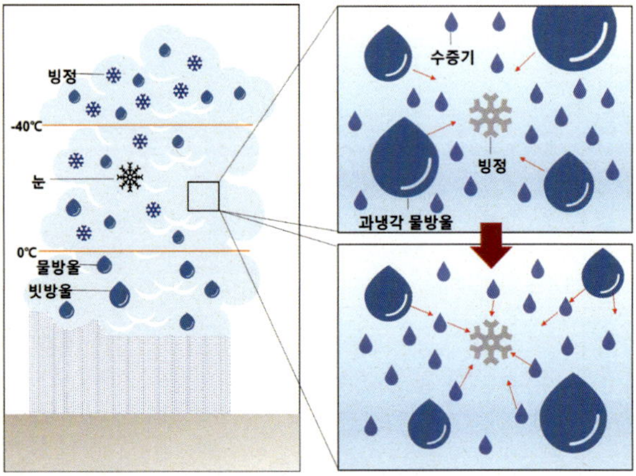

(그림 26) 빙정의 성장 과정 (빙정설)

간에 난류혼합이 일어날 때, 상대적으로 큰 구름방울이 더 빨리 형성되는 것으로 알려져 있다.

반면 빙정설은 병합설과 비교해 볼 때, 그 이론적 배경은 매우 다르다. 빙정설은 빙정 표면에서의 포화수증기압이 물보다 상대적으로 낮다는 사실(그림 21의 우측)에 기초하여 정립되었다. 빙정설은 중위도 및 고위도 지방의 한랭한 구름에서 수적과 빙정이 공존하는 강수발달 과정을 설명하기에 적절하다. 즉, 중위도 및 고위도 지방의 구름은 크게 3부분으로 나눌 수 있는데 구름의 하부는 수적, 상층부는 빙정, 그리고 그 중간에는 수적과 빙정이 공존한다. 수적과 빙정이 공존하는 구간에서는 수적에 대한 포화 증기압이 빙정에 대한 포화 증기압보다 크다(그림 21의 우측). 따라서 수적 표면에서 먼저 증발이 일어나고 증발한 수증기가 빙정 표면에 달라붙어 승화하면서 빙정은 급속히 성장한다(그림 26).

이러한 과정이 반복되어 빙정의 성장이 계속되면 무거워진 빙정은 중력에 의하여 낙하하게 되는데 낙하 도중 다른 빙정과 결합하여 커다란 눈송이가 되어 내리기도 하고, 기온이 높은 경우에는 낙하 도중 녹아서 비가 되기도 한다. 한여름의 경우를 제외하고 중위도 이상의 위도 상공에서 내리는 비는 대부분 이와 같은 방법으로 형성된다(그림 26).

수증기 → 구름방울 → 빗방울로 성장하는 과정에서 응결핵, 병합, 빙정의 포화수증기압 차이에 의한 성장만 관계되는 것은 아니다. 물방울이 커지게 되면 표면장력이 작동하여 물방울의 표면적 증가를 억제하는 작용을 한다. 이것을 곡률효과(curvature effect)라고 한다. 또한, 미세먼지와 같은 대기오염물질이 구름이나 빗방울 속에 녹아 들어가게 되면 순수한 물보다 포화수증기압이 낮아지게 되므로 응결이 더 쉽게 진행된다. 이 효과를 용질효과(solute effect)라고 하며, 실제 대기에는 곡률효과와 용질효과[16]가 모두 존재한다.

인공강우와 날씨 변조

인공강우(artificial precipitation)는 대기 중 빙정핵 혹은 적당한 크기의 구름 응결핵이 부족하여 구름방울이 빗방울로 성장하지 못할 때, 인공의 응결핵 혹은 빙정핵을 투여하여 수증기 → 구름 → 강수 과정을 활성화하여 강수를 유도하는 기상조절 기술이다. 이때, 구름 응결핵을 대기 중에 인공적으로 살포하는 행위를 구름 씨뿌리기(cloud seeding), 혹은 영어 발음대로 '시딩'이라고 불린다.

인공 응결핵은 차가운 구름이냐 따뜻한 구름이냐의 여부에 따라 달라지는데, 차가운 구름에서 뿌려지는 빙정핵은 요오드화은(AgI) 혹은 드라이아이스가 사용된다. 요오드화은은 얼음의 결정 구조와 가장 흡사하여

---

16 곡률효과(curvature effect)와 용질효과(solute effect)는 물방울의 직경에 좌우되며, 구름물리학에서는 두 효과를 합산하여 산출한 곡선을 쾰러곡선 (Kohler Curve)이라 한다.

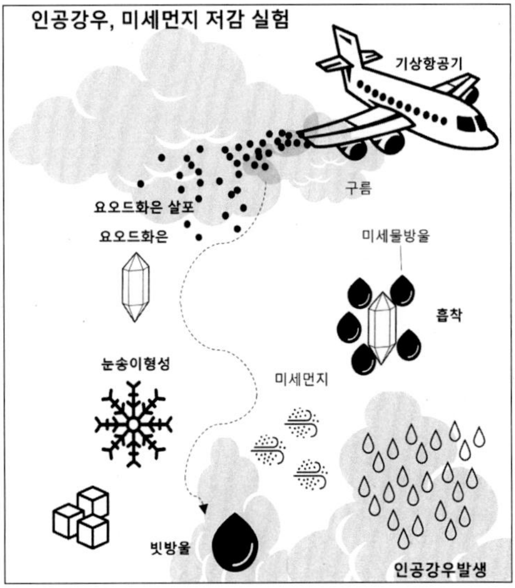

(그림 27) 항공기를 이용한 인공강우 실험

차가운 구름 내에서 빙정핵으로 작용하여 얼음 결정을 형성하는데 매우 적합하다고 알려져 있다. 따뜻한 구름에서 살포되는 응결핵은 염화나트륨(NaCl) 혹은 염화칼슘(CaCl)이 주로 사용한다. 염화나트륨은 흡습성이 뛰어나 따뜻한 구름의 응결핵으로 자주 사용된다.

현재의 인공강우 기술은 빙정핵이냐 혹은 응결핵에 따라 결정된다. 차가운 구름(0℃ 이하 구름)일 경우 빙정핵을 시딩하는 방법은 "Glaciogenic Seeding"라 하며, 따뜻한 구름(0℃ 이상 구름)에 응결핵을 시딩하는 방법은 "Hygroscopic Seeding"이라 부르며, 두 시딩 기법을 간단히 요약하면 다음과 같다.

차가운 구름에서의 인공강우 기술(Glaciogenic Seeding)은 중위도 및 고위도 지역의 구름에 적용된다. 이 지역의 구름은 대부분 온도가 0℃ 이하이고 상층부는 -15℃이하의 환경이므로 작은 얼음입자인 빙정과 영하

45℃까지 응결되지 않는 과냉각 수적이 공존하게 된다. 이러한 구름 속에 많은 요오드화은 (혹은 드라이아이스)를 뿌리게 되면, 얼음 주위의 포화수증기압이 물에 대한 포화증기압보다 상대적으로 낮아 과냉각 물방울이 증발하여 빙정에 흡착되고 결국 빙정은 성장하게 된다(그림 27). 성장한 빙정은 낙하하면서 녹아 비가 되는 데 이러한 접근은 인공강우 이론 중에서 빙정설에 기반한 기술이다.

따뜻한 구름에서의 인공강우 기술(Hygroscopic Seeding)은 구름 속의 수분을 모을 수 있는 흡습효과가 높은 입자(염화칼슘이나 염화나트륨)를 인공 응결핵으로 뿌려 줌으로써 구름 속 충돌을 일으켜 크고 무거운 우적을 만드는 것을 말한다. 성장한 물방울은 낙하하면서 병합하여 더욱 커져 지상에 더 많은 강수로 내리게 되는데, 이러한 접근은 강수 이론 중 병합설에 기초한 기술이다. 이상에서 살펴보면, 결국 병합설(따뜻한 구름)이냐 혹은 빙정설(차가운 구름)이냐에 따른 구분이며, 두 이론은 결국 앞에서 설명한 포화수증기압과 응결 이론이 모두 부합된다고 볼 수 있다.

인공강우는 결국 구름 속에 응결핵을 주입해 이것들을 핵으로 하여 구름 입자들이 많아지거나 그 크기가 커져서 더 많은 강수량을 지상에 떨어지도록 하는 데 있다. 따라서 구름 씨뿌리기 (시딩) 그 자체가 구름·강수를 새로 만들어내는 것은 아니며, 비가 올 듯한 구름에 대하여 더욱 효과적으로 비를 내리게 하려는 데 주목적이 있다. 이러한 의미에서 '인공강우'라기보다는 '인공 증우'라는 표현이 더 타당하다고 할 수 있다.

인공강우, 얼마나 효과적인가?

인공강우는 기상조절 기술 중 하나로서 초기에는 수자원 확보나 농경지 가뭄 해소를 위한 강수량 증가와 호우와 우박 억제, 안개 소산, 태풍의 세력 약화, 낙뢰 억제, 산불 방지 등의 기상 재해를 누그러뜨리기 위한 목적으로 활용되어 왔다. 외국의 경우 1946년 미국에서 최초로 드라이아이스 살포에 의한 소규모 인공강우 실험에 성공하였으며, 1960~1970년대에는 미국, 호주, 이스라엘 등을 비롯한 세계 여러 나라가 이상과 같은 실용적인 목적으로 인공강우 기술을 시행하였고, 1980년대 중반을 기점으로 상업성을 고려한 인공강우 실용화 사업이 연구되고 있다.

인공적으로 구름씨를 뿌리는 방법은 어느 정도 효과적인가? 이 문제를 둘러싸고 학자들 간에 논란은 많다. 무엇보다 구름 씨뿌리기 실험의 효과를 평가하기가 어렵다는 데 많은 문제가 있다. 몇 가지 이유를 살펴보면, 첫 번째로, 만약 구름 씨뿌리기가 없었다면 강수가 어느 정도였는가를 알아내기란 쉬운 일이 아니다. 원래 오려는 강수가 온 것인지, 인공 씨뿌리기에 의해 증가한 강수인지를 정확히 분리해 내지 못하기 때문에, 인공강우의 증우 효과를 평가한 결과에 부정적인 시각이 많다. 가령 (그림 28)과 같이 시간 t1에서 구름 씨뿌리기 실험을 수행하여 일정 시간이 지나서 강수가 발생한 경우를 생각해 보자.

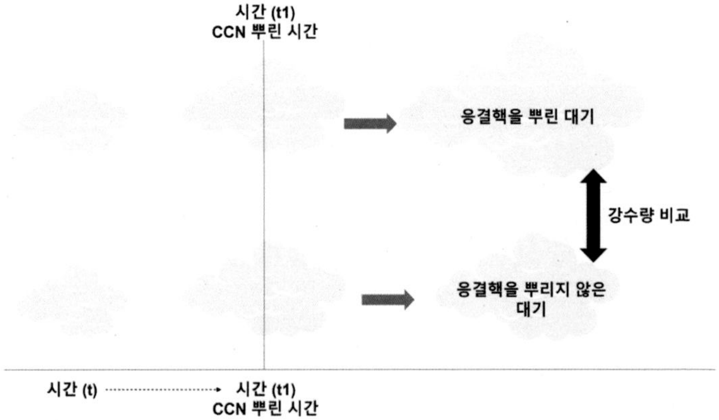

(그림 28) 인공강우 시간에 따른 실험의 효과 분석 방법

발생한 강수가 구름 씨뿌리기에 의한 효과를 증명하려면, 과거 씨뿌리기를 시행한 시간 t1으로 다시 회귀하여 원래 대기에서의 강수의 변화 과정을 추적하여 두 결과를 비교하여야 구름 씨뿌리기 효과를 정확히 평가할 수 있기 때문이다(그림 28). 따라서 두 개의 지구를 실험 대상으로 설정하는 것은 불가능하므로, 실제 인공강우 효과 분석연구에서는 구름 씨뿌리기 전후 기상 상황과 씨를 뿌린 지역에서의 안과 바깥의 시간에 따른 강수량을 비교하여 그 효과를 유추할 수밖에 없다. 즉, 엄밀한 의미에서 구름 씨뿌리기의 효과를 단정하기는 불가능하다는 것이다.

두 번째로는, 구름씨를 뿌리는 상황에서 나타나는 여러 가지 다른 요인들, 예를 들어 구름의 유형, 구름의 온도, 습도, 구름방울의 크기 분포 등이 너무 다양하므로 인공강우 평가가 불가능한 상황이 자주 나타난다. 경우에 따라 구름 씨뿌리기 실험 이후에 강수 증가 효과가 전혀 없는 예도 있으나, 적합한 조건이 갖춰질 때 구름씨를 뿌리게 되면 통계적으로 강수가 5~20% 증가시킬 수 있음이 실험을 통해 알려져 있다. 그래서 일부 실험에서는 적운에 구름 씨뿌리기를 시행한 결과, 폭발적인 강수 증가를 보고하기도 하였다. 이는 적운형 구름에서는 구름방울들이 결빙할 때 내놓는 잠열은 구름 온도를 높여 구름의 부력이 강해져서 더 강한 상승운동을 유발하게 되므로 구름 속에서 강수발달 잠재력을 층운형 구름보다 더 많이 가질 수 있기 때문이다. 그러나 일부 실험이지만 구름 씨뿌리기를 과도하게 하면, 변화된 빙정의 크기와 개수가 오히려 강수를 감소시킬 수 있다는 연구결과도 존재한다. 액체방울의 크기가 작으므로 빙정 과정을 통해 빙정이 충분히 커질 수가 없는 경우도 나타나기 때문이다.

결론적으로 구름 씨뿌리기로 인해 강수량이 증가하는 경우도 있고, 반대의 사례도 있다고 보고된다. 즉, 기존 이론과 반대로, 구름 씨뿌리기를 통해 작은 크기의 수많은 구름 방울들이 각각 독립적으로 존재하면서 강수로 진행하지 못하게 되어 오히려 강수가 감소하였다는 연구결과 또한 기억할 만하다. 지금도 구름 씨뿌리기 효과의 논란은 계속되고 있고, 명확한 답을 찾아내기 위한 연구는 아직도 현재진행형이다.

학습 요약 정리 5

1. 지구상의 물은 수증기가 응결하여 구름이 형성되면서 구름(운적)으로 변하며, 구름(운적)이 생기기 위해서는 구름응결핵(Cloud Condensation Nuclei, CCN)이 필요하다.

2. 구름과 강수는 같은 액체상으로서 구름방울(운적)이 빗방울(우적)로 발달해가는 과정을 설명하는 두 이론은 병합설과 빙정설이다. 두 이론은 응결핵(혹은 빙정핵)을 중심으로 수증기가 외부의 환경적 제한 요인 없이 구름방울→빗방울로 성장하는 요건을 설명하고 있다.

3. 충돌병합설은 큰 구름방울이 작은 구름방울과 낙하하면서 생기는 서로 다른 종말속도(terminal velocity)로 인해 병합이 일어난다는 이론이며, 따뜻한 구름에 적용된다.

4. 빙정설은 수적과 빙정이 공존하는 구간에서 빙정에서의 포화 증기압이 수적에서의 포화 증기압보다 적다는 사실에 기반하며, 포화수증기압의 차이로 인하여 증발한 수증기가 빙정으로 이동하면서 빙정이 급속히 성장하게 되는 이론으로서 한랭한 구름에 적용된다.

5. 인공강우(artificial precipitation)란 대기 중 구름 응결핵(혹은 빙정핵)이 부족하여 구름방울이 빗방울로 성장하지 못할 때, 구름 씨뿌리기(cloud seeding)를 통해 인공 응결핵 (혹은 빙정핵)을 투여함으로써 구름발달과정

을 더욱 활성화시켜 강수를 유도하는 기상조절 기술이다.

6. 인공강우는 기상조절 기술 중 하나이지만 강수량 증가 효과에 대한 정량적인 평가를 수행하기 쉽지 않으며, 최근에도 구름 씨뿌리기의 효과에 관한 정확한 답을 찾아내기 위한 연구는 지금도 진행 중이다.

6 인공강우와 미세먼지 물 청소

인공강우로 미세먼지를 씻어 내자

앞 장에서 인공강우는 가뭄 극복, 수자원 확보, 안개 소산 등 날씨(기상)를 변조하는 데 그 목적이 있다고 언급하였다. 여기에 더 나아가 인공강우가 미세먼지를 씻어 내려 대기 중 미세먼지 농도를 낮출 수 있을까? 하는 문제를 생각해 보자. 인공강우를 이용하여 미세먼지 농도를 낮추어 보려는 움직임은 아주 최근에 시작하였다. 국내 언론에서도 2019년 인공강우를 고농도 미세먼지 잡는 '마법'으로 소개한 바 있다. 이번 장에서는 인공강우를 이용한 미세먼지 저감 이론과 방법을 살펴보자. 인공강우와 미세먼지 저감 기술을 이해하기 위해서 우선 강수에 의한 미세먼지 제거과정부터 알아보자.

건성침적과 습성침적

(그림 29)는 미세먼지의 일생, 즉 미세먼지의 배출(탄생) → 이동 및 확산 → 침적(제거) 과정을 도시한 그림이다.

미세먼지가 대기 중으로 들어오면 먼저 풍향 풍속에 의해 수평으로 이동함과 동시에, 연직으로 끊임없이 확산되면서 아래-위 공기가 섞이게 된다. 동시에 대기 중 화학반응을 통해 2차 미세먼지가 새로 생성되기도 한

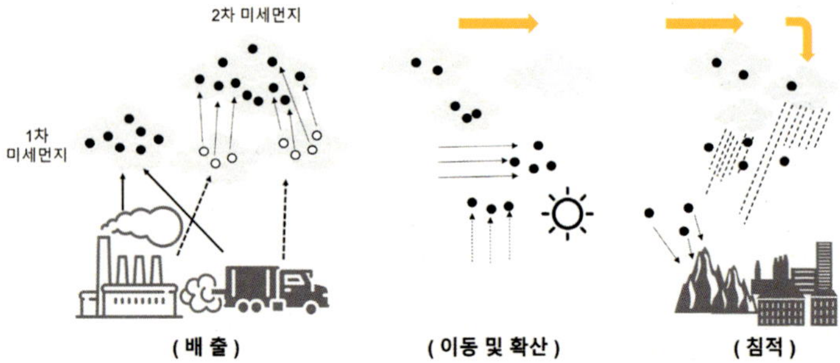

(그림 29) 미세먼지의 일생 (배출, 이동 및 확산, 침적)과정

다. 반면, 대기 중 대기오염물질은 구름이나 강수 등 여러 요인으로 인해 끊임없이 대기로부터 자체적으로 제거된다. 대기의 자체적인 자연정화과정은 매우 중요하다. 만약 대기의 자연정화 능력이 없다면 배출되는 대기오염물질은 대기에 반복적으로 축적되어 계속 더러워지기만 할 것이며, 결국에는 대기는 오염물질로 포화상태가 되어 생물체의 생존이 불가능해질 것이다. 대기 중의 미세먼지의 제거과정은 크게 두 가지, 즉 건성 및 습성침적 과정으로 구분된다 (그림 30).

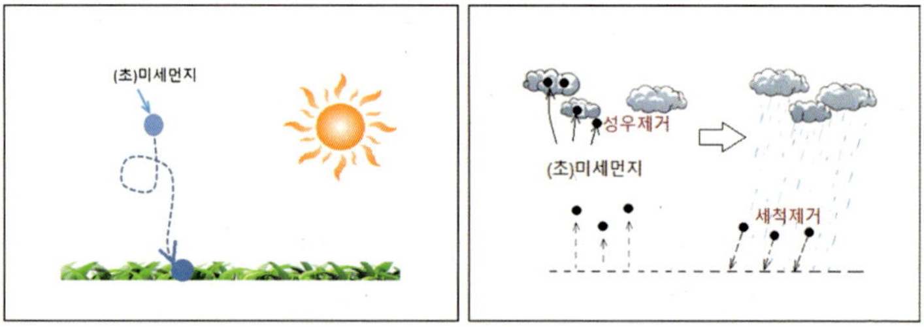

(그림 30) 미세먼지의 건성침적(좌)과 습성침적(성우제거와 세척제거) 과정 비교

건성침적(dry deposition)과정은 강수가 없는 맑은 날에 지표 가까이에서 일어난다. 일반적으로 직경이 약 1㎛에서부터 100㎛ 사이의 미세먼지 입자들은 중력에 의해 낙하한다. 그러나 직경이 약 1㎛ 미만의 작은 입자들은 중력에 의한 낙하 운동이 잘 일어나지 않으며, 대기 중에 떠 있게 된다. 이때 크기가 작은 미세먼지 입자들은 서로 부딪히는 분자들에 의해서 상호영향을 주고 받으면서, 지표 가까이 있는 대기의 난류(turbulence) 운동으로 인하여 지표면에 부딪히게 된다. 이때 부딪친 미세먼지는 지표면의 다양한 특성에 반응하게 되는데, 직접 땅에 침적되기도 하며, 반사되어 다시 대기 중으로 비산되기도 한다. 이 중에서 비산되지 않고 지표면에 직접 침적되는 미세먼지는 대기로부터 영원히 제거되며, 이렇게 맑은 날 지표 근처의 활발한 난류 운동 때문에 미세먼지가 제거되는 과정이 건성침적이다. 건성침적이 일어나면 대기 중의 미세먼지와 여러 불순물들은 지표로 이동되어 대기로부터 영원히 제거된다. 건성침적은 중요한 미세먼지의 두 제거과정 중 하나로서 대기 상공이 아닌 지표면 근처에서 일어나며, 이 때 건성침적되는 양은 지표의 특성(식생, 구조물 등)에 따라 달라진다.

습성침적(wet deposition)과정은 구름 생성 혹은 강수 과정을 통해 미세먼지를 대기로부터 제거하는 과정이므로, 구름이 있는 대기의 상층 혹은 강수가 발생한 구름 하층에서 일어난다. 따라서, 습성침적 과정은 강수가 없는 맑은 날 지표면 근처에서만 일어나는 건성침적과 대조된다. 습성침적은 두 가지 제거 효과로 구분하는데, 대기에서 구름 속으로 미세먼지가 제거되는 과정인 성우제거(rain out) 효과와, 강수 발생 시 낙하하는 빗방울에 의해 대기 중 미세먼지가 흡착되어 씻겨져서 제거되는 세척제거(wash out) 효과로 나눈다. 성우제거 과정은 미세먼지가 수증기 응결 시 필요한 구름의 응결핵(CCN)으로 사용됨으로써 미세먼지가 줄어드는 과정이다. 얼핏 생각하기에 성우제거 과정을 통해 미세먼지가 구름응결핵(또는 빙정핵)으로 작용하여 대기에서 제거되더라도 구름 속에 여전히 미세먼지가 존재하므로, 엄밀히 말하면 대기로부터 제거된 상황이 아니라고 생각할 수도 있다. 그러나 구름방울이 결국 빗방울이 되어 지표로 사라지게 되므로 대기 입장에서는 성우제거 과정으로 이미 미세먼지가 제거되었다고 이해해야 한다.

반면 세척제거 과정은 강수가 활발히 진행될 때 구름 아래로 떨어지는 빗방울에 의해 구름 하부에 존재하는 대기 중 미세먼지가 씻겨져서 지표로 떨어지는 과정이다. 대기의 자연정화 과정에서 비교적 단시간에 가장 많은 대기오염물질을 제거할 수 있는 주요 기작으로 알려져 있으며, 이를 습성정화(wet scavenging) 과정이라고도 불린다 (그림 30).

일반적으로 미세먼지 저감을 목적으로 진행하는 인공강우 실험에는, 장기적인 시간에 걸쳐 일어나는 성우제거 과정보다는 단기적으로 빨리 일어날 수 있는 세척 제거과정에 초점을 맞춘다(그림 31의 (2)의 과정). 따라서 습성침적과정은 응결핵 → 수증기 → 구름방울 → 빗방울 성장 → 강수 발생 → 미세먼지 제거과정을 모두 거치게 되지만, 미세먼지의 완전한 제거과정은 미세먼지의 세척제거(washout) 효과에 의해 발생한다. 그러므로 인공강우를 위해 구름 씨뿌리기를 하는 단계는 엄밀하게 말하면 인공강우를 유도하는 단계로서 대기 중 이미 존재하고 있는 미세먼지를 제거하는 단계는 아니다. 즉, 구름 씨뿌리기 과정에서 인공 응결핵을 인위적으로 추가하여 사용한다는 점에서 대기 중에 자연적으로 존재하는 미세먼지를 제거하는 효과는 없다고 봐야 한다.

결국, 이론상으로 볼 때, 미세먼지를 제거되는 과정은 구름 근처에서 미세먼지가 구름 응결핵으로 흡착되어 제거되거나, 혹은 구름방울이 빗방울이 되어 낙하할 때 구름 밑면과 지표면 사이의 떠 있는 미세먼지가 세척되어 제거되는 두 가지 과정으로 요약되지만, 인공강우 실험에서는 전자의 경우 대기 중 미세먼지의 실제 제거 효과는 아니며, 후자, 즉 세척 제거 과정에서 일어나는 미세먼지의 완전한 제거 효과를 주 목적으로 인공강

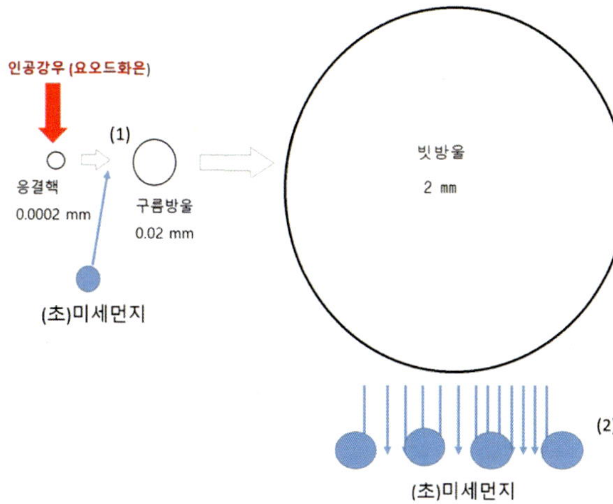

(그림 31) 인공강우에 의한 미세먼지 제거과정17

우 실험을 수행한다고 요약할 수 있다. 따라서 미세먼지 제거 효과를 극대화하기 위해서는 구름방울 → 빗방울을 활성화한 이후, 구름 아래에서 발생하는 강수에 의해 미세먼지가 얼마나 효과적으로 포착(collection)되느냐 하는 효율, 즉 미세먼지의 강수에 의한 제거 효율이 중요하다. 미세먼지를 씻겨내리는 양의 척도를 포착효율(collection efficiency or scavenging efficiency)이라 하며, 포착효율은 빗방울의 낙하 속도, 미세먼지 입자 크기 및 밀도와 관련된다고 알려져 있다. 구름 씨뿌리기를 하는 데에는 항공기를 사용하여 상공에서 직접 수행하지만, 구름 아래(sub-Cloud)에서의 미세먼지 제거과정은 관측하기가 매우 어려우므로, 더 상세한 구름 아래의 관련 정보를 수집하여 분석하는 연구가 가장 필요할 것으로 보인다.

17 그림의 (1)과 (2)는 성우제거 및 세척제거 과정을 각각 나타낸 것이며, 미세먼지 제거는 주로 (2)의 과정에서 일어난다.

인공강우와 미세먼지-불확실 요인들

(그림 32)는 인공강우-미세먼지 제거과정을 도시한 그림인데, 그 핵심적인 쟁점은 강수에 의한 미세먼지의 세척효율을 얼마나 높이느냐이며, 그 효율에 따라 인공강우의 승패가 달려 있다고 할 수 있다. 여러 관련 연구들을 분석해 보면, 인공강우 실험 때문에 증가한 강수량에 비례하여 미세먼지 제거 효과가 반드시 상승하는 것은 아닌 것으로 보고되고 있으며, 강수량이 충분히 증가하였다고 하더라도, 미세먼지 감소 효과의 불확실성은 매우 크다고 보고 있다.

(그림 32) 인공강우와 미세먼지 세척과정

*그림: 위키백과 재구성

학계에서도 자연 강우가 아닌 인공강우에 의한 강수량 증가 효과와 미세먼지 세정효과와 직접 연관된 성공적인 연구결과는 잘 보고되지 않고 있는 현실에서, 인공강우의 활용성을 입증하기는 쉽지 않다. 불확실성이 존재하는 여러 가지 이유가 있으나 우선 몇 가지 요약하였다.

첫 번째 이유는, 인공강우는 구름이 일정 이상 존재하는 저기압 상황에서 주로 그 효과를 기대할 수 있다. 반면 미세먼지가 높은 날은 상대습도가 낮으며, 햇빛이 강한 고기압이 존재하여 구름이 적고 맑은 정체된 기상 상태에서 자주 발생하기 때문에 기상 상황적 어려움에 직면하게 된다(그림 33).

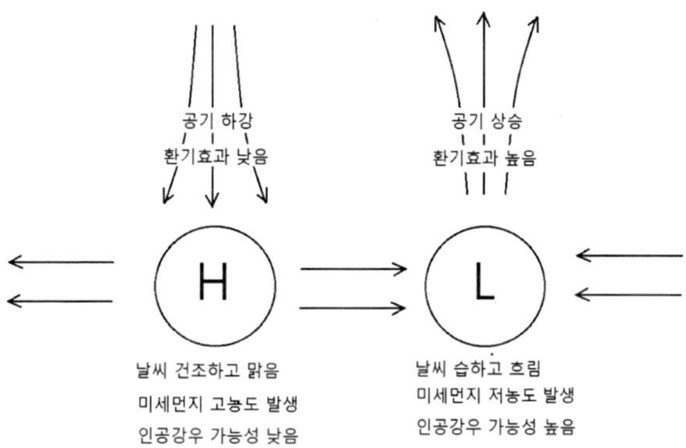

(그림 33) 미세먼지의 건성침적(좌)과 습성침적(성우제거와 세척제거) 과정 비교

즉 상대습도가 낮은 맑은 날에는 대기 중의 수증기가 원전적으로 존재하지 않으므로, 구름 씨뿌리기를 시행하여도 흡착할 수증기가 절대 부족하여 구름방울이 되기는 애초에 불가능하다는 것이다. 정작 미세먼지 농도가 높아서 이를 줄여야 하는 날씨에는 오히려 인공강우 기술이 무용지물이 되고 만다는 것이다. 반대로 미세먼지가 없는 날에 인공강우가 성공할 확률은 매우 높으나 정작 제거해야 할 미세먼지가 없는 경우가 많다는 것이다. 인공강우에 의한 증우 효과에 비해 미세먼지 제거 확률이 낮을 수밖에 없는 이유이다.

두 번째 이유는 인공강우에 의한 강수 강도와 강수량은 지금까지의 연구결과로 미루어 볼 때 미세먼지를 제거하기에는 충분히 크거나 많

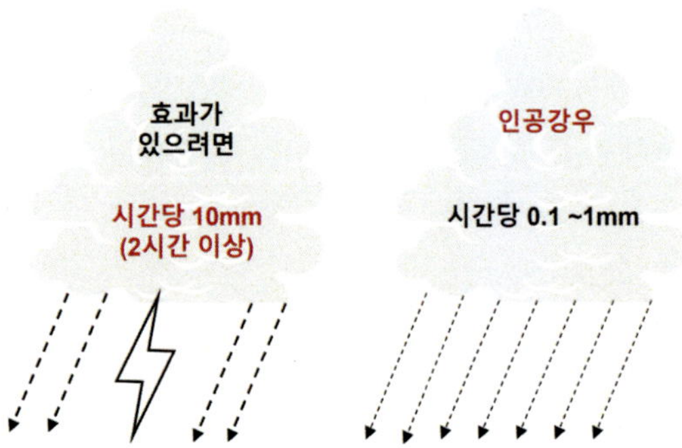

(그림 34) 강수량과 미세먼지 제거 효과 관계

지 않다는 것이다. 일반적으로 미세먼지 세척 효과가 나타나려면, 시간당 10mm 이상의 강수량이 2시간 이상 필요하다고 알려져 있다(그림 34). 반면, 지금까지의 연구결과, 인공강우실험에 의해 증가된 강수량은 통계적으로 통상 시간당 0.1~1㎜ 정도에 불과하였다고 보고 있다. 현재까지 국립기상과학원의 인공강우 실험에서 9차례의 시도 중 4차례 비를 만드는 데 성공하긴 했지만, 증가된 비의 양은 많지 않은 것으로 확인된다. 최근까지도 미세먼지 감소 효과를 확인하기 위한 인공강우 효과는 그리 크지 않은 것으로 알려져 있으며, 추가적인 연구가 지금도 진행 중이다.

미세먼지 잡는 인공강우기술-어디까지 왔나?

인공강우는 마른하늘에 무에서 유로 비를 창조하는 기술은 아니다. 단지 대기 중 수증기가 풍부한 경우, 수증기를 빗방울로 만드는 씨앗(응결핵)이 부족해서 비가 내리지 않을 확률이 있으면, 구름 씨뿌리기를 하여 구름·강수 과정을 활성화하여 강수 확률을 높이는 과정이다. 강화된 강수로 미세먼지를 제거하는 기술은 목적상 한 단계 더 나아간 실험이긴 하나, 결국 인공강우에 기반한 실험이므로 인공강우 실험의 성공 여부에 따라 미세먼지 제거 작전의 성공 여부도 결정된다고 볼 수 있다.

국내에서도 오래전부터 인공강우에 관한 연구가 있었다. 1995년 가뭄 해갈을 시도하기 위하여 여러 차례 항공실험을 한 사례가 있으며, 실험결과, 비는 1㎜, 눈은 1㎝까지 더 내리도록 하는 결과가 있었다. 외국의 경우, 인공강우에 관한 한 미국, 중국, 인도 등에서 많은 연구가 진행하였으나, 전 세계적으로 미세먼지 저감과 관련해서 공식적인 연구결과를 내놓지는 않았다. 중국의 경우, 항공기와 로켓 수백~수천 발을 발사해 비를 더 내리게 했다는 보도가 몇 차례 나오기도 하였으나, 이론과는 반대로 비구름에 씨앗을 과다하게 뿌려서 물방울이 더 잘게 쪼개지면서 구름에서 비로 전환하는 효율이 오히려 감소하였다는 결과 또한 보고되었다. 실제로 중국에서는 지난 2008년 베이징 올림픽 기간에 이 같은 방법으로 비구름을 소산시켜 맑은 하늘을 볼 수 있었다는 연구결과도 있었다. 다시 말해서 비를 내리게 한 것이 아니라 오히려 구름을 소산시켜서 맑은 날을 연장하였다는 이야기이다.

이러한 반대 논리는 대기 중의 입자상 물질의 기후변화와 연관된 에어로졸 효과 이론과 연관된다. 즉 크기가 작은 구름방울이 작고 수많은 응결핵을 각각 머금고 있어서 서로 병합되기 힘들며, 이에 따라 강수를 억제하기도 한다는 이론이 있으며, 이 현상을 에어로졸의 간접효과(aerosol indirect effect)[18]라고 부른다. 이러한 이론은 모두 인공강우-미세먼지 저

---

18 대기 중의 미세먼지(에어로졸)는 지표면에 도달하는 태양 복사를 흡수 및 산란하여 일사량을 감소시키는 에어로졸 직접효과 (aerosol direct effect)와, 에어로졸이 구름 응결핵(CCN)으로 작용하여 구름 물방울 갯수를 증가 시키고 구름 물방울의 크기를 감소시키며, 구름의 체류시간 증가 등 구름의 특성을 변화시키거나 약한 강수의 감소를 유발하는 에어로졸 간접효과(aerosol indirect effect)로 구분된다. 에어로졸 간접효과는 강수의 형태를 강수일수를 줄이고 강수 강도를 높이는 1차 간접효과와 구름의 수명을 늘리는 2차 간접효과로 구분한다.

감 실험의 내재적 불확실성을 반증하고 있으며, 따라서 이론상의 불확실성을 줄여야 하는 것 역시 이 분야의 큰 숙제 중의 하나로 볼 수 있다.

결국, 지금까지 알려진 인공강우에 대한 이론과 지금까지의 실험결과를 종합하여 판단해 볼 때, 인공강우로 미세먼지를 씻어 낼 수 있을지 없을지의 성공 여부를 예측하기는 쉽지 않다. 인공강우 그 자체보다는 동북아시아 권역에서의 인공강우-미세먼지 관계에 대한 기초 연구가 턱없이 부족한 실정이다. 현재로서는 두 가지 기상 상태, 즉 (1) 고기압-저효율 인공강우-고농도 미세먼지와, (2) 저기압-고효율 인공강우-저농도 미세먼지의 상황을 잘 이해할 필요가 있다. 고기압이 우세하면 응결핵을 아무리 뿌려도 비구름이 기본적으로 부족하여 빗방울을 만들어내는 것은 아예 불가능하며, 저기압이 우세하면 미세먼지는 상승운동과 함께 대기오염 확산이 매우 원활하여 결국 줄여야 할 미세먼지가 없어지는 상황 모순을 극복할 필요가 있다. 따라서 당분간은 미세먼지 저감을 목적으로 현장에서 인공강우 실험을 단행하여 획기적인 미세먼지 저감 결과를 기대하는 것은 아직은 무리가 있어 보이며, 현 시점에서는 오히려 연구의 시작단계로 보아야 한다. 향후 구름 및 강우 발달과정에 대한 이해 수준이 높아지고, 인공강우 기술이 더 고도화된 기상조절 기술과 결부된다면 가뭄 극복과 미세먼지 저감이라는 두 마리 토끼를 동시에 잡을 수 있는 미래가 있지 않을까 기대해 본다.

학습 요약 정리 6

1. 대기 중 미세먼지가 제거되는 두 기작은 건성침적 과정과 습성침적 과정이다.

2. 건성침적은 강수와 무관하게 지표면에 부딪힌 미세먼지가 지표에 침적되는 현상을 말하며, 습성침적은 구름 혹은 강수에 의하여 미세먼지가 제거되는 과정이다. 습성침적과정에 의한 두 제거효과는 구름 속으로 제거되는 성우 제거 효과와, 낙하하는 빗방울에 의해 미세먼지가 씻겨져서 제거되는 세척 제거 효과로 세분된다.

3. 인공강우로 미세먼지를 제거하는 과정은 세척제거 과정을 말한다. 따라서 인공강우를 위해 구름 씨뿌리기를 하는 과정은 인공 응결핵을 사용하여 구름방울을 효과적으로 형성하게 하는 과정으로서 미세먼지 제거 효과보다는 빗방울을 되도록 빨리 만들어내기 위한 것이다.

4. 인공강우로 미세먼지를 제거하는 방법이 불확실성한 이유는, 첫째, 미세먼지가 높은 날은 고기압 군이 많고 대기 중 수증기가 원천적으로 적어서 구름 씨뿌리기로 인공강우를 유도하기가 쉽지 않으며, 둘째, 인공강우를 통해 미세먼지를 제거하기에 충분한 증우량이 발생하지 않는 데 있다.

5. 인공강우로 미세먼지를 제거하려면, 2시간 이상 시간당 10mm 이상 지속하는 강수량이 필요한데, 실제 인공강우에 의한 비의 양은 통계적으로 시간당 0.1~1㎜ 정도로 알려져 있어서 효과를 장담하기 힘들다.

6. 인공강우로 미세먼지를 제거하는 과정에서, 인공강우 이론과는 반대로 오히려 비구름에 씨앗을 과다하게 많이 뿌려질 경우 강수량이 오히려 감소할 수 있는데, 이 이론은 에어로졸 간접효과와 관련이 있다.

7 참고 문헌

경기연구원(2018) 인공증우를 통한 미세먼지 저감효과 분석 보고서

기상청(2013), 손에 잡히는 예보기술. 황사예측 가이던스 & 사례분석(제 21, 22호 - 2013 2, 3월 합본),

김유근, 이상준, 이화운 공저 (2005) 환경과 공해, 형설출판사,

이평래(2018) 가축 수의 증가와 몽골 목축업의 전망. | 투르크-알타이 경제권 이슈 (제6장), NO23, 42pp

한국환경정책·평가연구원(2019) 한·중·일 3국의 미세먼지 농도 분석, KEI 포커스, 제6권 (10호)

환경부(2016) 바로 알면 보인다. 미세먼지, 도대체 뭘까?

Donald C. Ahrens (2013) Essentials of Meteorology/대기환경과학. 민경덕, 민기홍 역, 센게이지러닝코리아(주)

Jennifer A(2014) Fine particulate matter air pollution and cognitive function among U.S. older adults. Journals of Gerontology Series B: Psychological Sciences and Social Sciences 70 (2) 322-330, 1079-5014

Joe, R. Eagleman (1985) Meteorology- The Atmosphere in action. Wadsworth Publishing Company.

Lutgens, Tarbuck (2016) The Atmosphere–An Introduction to Meteorology. 안중배, 김준, 류찬수, 박선기, 서명석, 이화운, 정일웅, 정형빈 역(시그마프레스)

부산대학교 교양총서 시리즈
알짜배기 자연과학 3

미세먼지와 인공강우

초판 1쇄 인쇄 2022년 4월 15일
초판 1쇄 발행 2022년 4월 22일

지은이 김 철 희
디자인 배 영 미

펴낸이 차 정 인
펴낸곳 부산대학교 출판문화원
등록 제1983-000001호 1983. 11. 10.
주소 부산광역시 금정구 부산대학로 63번길2(장전동)
전화 (051) 510-1932~3
전송 (051) 512-7812

정가 8,000원

ISBN 978 - 89 - 7316 - 741 - 8 04400
978 - 89 - 7316 - 636 - 7 (SET)